住宅照明设计
全书

［日本］福多佳子 著

李文鑫 译

江苏凤凰科学技术出版社 · 南京

江苏省版权局著作权合同登记 图字: 10-2023-56

图书在版编目（CIP）数据

住宅照明设计全书 ／（日）福多佳子著；李文鑫译
. — 南京：江苏凤凰科学技术出版社，2023.7
ISBN 978-7-5713-3548-9

Ⅰ . ①住… Ⅱ . ①福… ②李… Ⅲ . ①住宅照明－照
明设计 Ⅳ . ① TU113.6

中国国家版本馆 CIP 数据核字 (2023) 第 085010 号

住宅照明设计全书

著　　者	[日本] 福多佳子	
译　　者	李文鑫	
项 目 策 划	凤凰空间/徐　磊	
责 任 编 辑	赵　研　刘屹立	
特 约 编 辑	徐　磊	

出 版 发 行	江苏凤凰科学技术出版社
出版社地址	南京市湖南路1号A楼，邮编：210009
出版社网址	http://www.pspress.cn
总 经 销	天津凤凰空间文化传媒有限公司
总经销网址	http://www.ifengspace.cn
印　　刷	天津图文方嘉印刷有限公司

开　　本	787 mm×1 092 mm　1／16
印　　张	13
字　　数	160 000
版　　次	2023年7月第1版
印　　次	2023年7月第1次印刷

标 准 书 号	ISBN 978-7-5713-3548-9
定　　价	98.00元

图书如有印装质量问题，可随时向销售部调换（电话：022-87893668）。

前言

随着科技的进步与发展，照明行业发生了巨大变化。在早期，由于电力供应紧张，出于环保节能的需要，LED 照明得以迅速发展。虽然 LED 照明的性能在过渡期不如荧光灯和白炽灯，但是人们别无选择。此后，LED 照明有了突飞猛进的提升，不仅体现在省电和使用寿命长等方面，在灯具的小型化以及与家具、装修材料的一体化上也有了长足进步。LED 灯在光色和光程（光的扩散范围）上的种类都极其丰富，而白炽灯在光色上只有暖色光，荧光灯在光程上只有漫射光。由于 LED 照明具有可调色、调光的功能，且色彩多变，因此一登场便改善了照明效果受光源限制这一局面，使得照明效果的选择更加自由。此外，免费的 3D 照明计算软件的普及，也使得人们可以轻松预测亮度、室内氛围等照明效果。

LED 灯具和照明计算软件的发展，使照明设计可以更加贴合人类的各项活动。无论是娱乐、阅读，还是学习、吃饭、洗澡等，住宅照明都要为这些活动提供相应的照明功能，不仅要确保亮度，还需要根据不同的使用场景提供多种光线，从而使居住者在夜间可以更好地休养，迎接新一天的到来。这是因为光能影响人类的生理和心理，好的照明可以起到正向的作用，让生活变得更丰富多彩、舒适安全。

如今，家庭环境的照明设计已成为重要的设计环节。然而，技术在不断进步，人们的生活方式却并不容易改变。比如夜晚，我们会惊讶地发现，采用"一室一灯"设计的住宅中，安装在房间顶部中间的大型吸顶灯似乎同安装在办公室的白色照明灯别无二致。想象一下，我们辛苦工作一天后回到家里，待在与办公室照明一样的房间中，并不能让我们好好休息。从类似这样的问题出发，结合我作为照明设计师的经验，在本书中总结了一些照明设计技巧和相关思考，对打造更丰富多样、更舒适的生活空间给予一些建议。

第 1 章介绍了照明设计的基础知识，为后面讲解从"一室一灯"的设计转向"多灯分散照明"设计做准备。第 2 章总结了根据光分布（而不是灯具类型）做出选择所需的知识。第 3 章简明扼要地总结了照明计算的基础知识和 3D 照明计算软件的使用方法。第 4 章根据人们的各项生活行为，按照生活场景分类，列举照明设计的各种技巧。例如，适用于就餐这一行为的照明设计，同样可以应用于咖啡馆和餐厅，同理，家居照明设计囊括了人类生活行为的方方面面，其设计理念可以应用于不同设施的照明设计。最后，第 5 章总结了选择照明设备时需要考虑的一些注意事项。

我写作此书的用意，在于向建筑师、室内设计师，以及照明爱好者和那些考虑建造或翻新住宅的人传达照明的魅力。我希望这本书能帮助您巧妙地运用照明技术来营造或改善生活环境，从而达到享受生活、愉悦身心的目的。

福多佳子

2021 年 8 月

目录

第 3 章
照明效果一目了然！
利用 3D 技术进行照明计算

第 4 章
充分发挥生活方式特点的分场景照明技巧

第 1 节　与生活息息相关的照明

第 5 章
照明的实用知识和灯具的选择

第 1 节　事先需要掌握的照明知识点

第 2 节　使生活丰富多彩的照明灯具

设计生活，
实践多灯分散照明

第1节 自由自在地享受灯光：丰富多彩的生活样式

创造生活：光的三要素

光在我们日常生活中起着非常重要的作用。它包含三个要素：首先是光的明亮度，如果没有光，我们就无法识别物体；其次是光的颜色，它可以改变空间氛围，从而影响人的印象；最后是光的应用，不同的设计会使空间和物体产生多种不同的视觉效果。

这三个要素不仅可以单独产生不同的效果，还可以相互组合。为了最大限度地发挥光对人的心理效应的影响，这三个要素的组合是很重要的。

光的基础

首先来说明一些用于描述光线的术语。图1.1展示了人类对光的感知方式。光源本身拥有的光的量叫"光通量"，单位是流明（lm）。该光源在指定方向上发出的光通量，即光的强度叫"发光强度"（简称"光强"），单位是坎德拉（cd）。光照度是指被照射物体的光的量，单位是勒克斯（lx），表达式为 1 lx=1 lm/m²，即 1 平方米面积上得到的光通量是 1 流明时，它的光照度是 1 勒克斯。人类眼睛所能感知的来自发光面的直射光（图1.1的①）和来自被照面的反射光（图1.1的②）的明亮度，可以用亮度来表示（单位: cd/m²，坎德拉每平方米）。

值得注意的是，有两个术语用于描述明亮度：一是亮度，接近于人类感知的明亮度，即进入眼睛的光的量；二是光照度，通常指施工时所采用的表示明亮度的概念，而非视觉上人们所感受的明亮度。

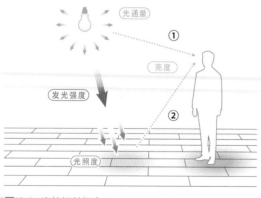

图 1.1 光的相关概念

如何识别亮度

我曾经为一家餐厅设计一套照明系统，结果被告知桌子上的光线太暗了。虽然我们之前为了确保空间有足够的光照度，已进行过测量计算，但当我们去现场时，发现桌子的颜色是黑色的，亮度很低，这使它看起来很暗。我们向客户提出可以采用白色的餐具来盛放食物，这样便可以解决该问题了。客户欣然接受了这个建议。

图 1.2 比较了采用不同桌子时的 3D 照明计算结果。

A. 桌子的反射率 10%

B. 桌子的反射率 70%

3D 光照度分布的比较（单位: lx）

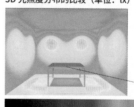

0.1 0.2 0.30.5 1 3 5 10   20   30   50   100   200   1000 15000

3D 亮度分布的比较（单位: cd/m²）

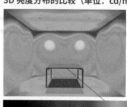
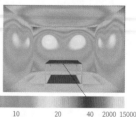

0.1 0.2 0.3 0.5 1   4   5   10   20   40 2000 15000

照明计算软件 DIALUX evo 9.2，维护系数 0.8
【反射率】天花板：70%；墙面：50%；地板：20%

图 1.2 基于 3D 照明计算软件，比较不同情况的结果

当房间大小、室内颜色和照明方法都相同时，只改变桌子的颜色，黑色的反射率为10%，白色的反射率为70%。在视觉对比中，白色桌子显得更亮。在比较桌子表面的光照度时，两者的值是一样的。但在比较亮度时，白色桌子的亮度约为 40 cd/m²，黑色桌子的亮度为 5 cd/m²，约是白色桌子的 1/8。由此可见，亮度比光照度更能反映人眼的视觉感受。

因此，在照明计算中，颜色的选择也就是反射率的选择，会影响表面明亮度（亮度）。此外，水平面的平均光照度可以通过公式（第88 页）计算出来，但为了确认亮度，必须进行3D 照明计算。因此，在本书第 3 章中，我们将解释 3D 照明计算软件的使用方法。

光的颜色的表现形式

光的颜色是用色温来量化的。当一个物体被加热到高温时，它就会发出光，光的颜色会随着温度的变化而变化。这就是为什么光的颜色是以色温（单位：K，开尔文）来衡量的。从白色到蓝白色，色温逐渐升高，即高色温；而颜色越红，数值越低，即低色温。

图 1.3 显示了不同类型的自然光和主要光源的色温。

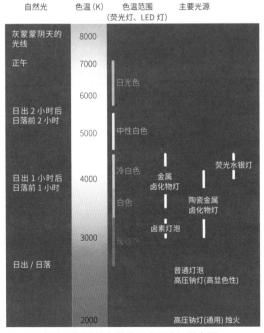

图 1.3　按类型划分的自然光和主要光源的色温

色温不仅可以用来量化人工光源的光的颜色，也可以量化太阳光在一天中的变化：日出和日落时为低色温，接近中午时为高色温。色温可以用数字来表示，并按范围来划分。图 1.3所示的色温范围是基于荧光灯和 LED 的光源颜色和显色性的分类进行划分的。一般来说，3000 K 左右为暖白色，3500 K 左右为白色，4000 K 左右为冷白色，5000 K 左右为中性白色，6500 K 左右为日光色。

在照明设计中，有时会刻意使用不同的色温。例如，图 1.4 显示了日本白水阿弥陀堂在不同季节的夜间照明效果。

秋季

春季

图 1.4　使用不同色温的照明效果案例

建筑部分主要采用了暖白色照明，一方面用于引导游客，另一方面用于建筑物的外部照明。这是因为，古建筑最初是用油和蜡烛照明的，暖白色更容易表现建筑物的历史性。树木部分的照明则采用了多种颜色，如使用暖白色来强调红黄色叶子，用日光色来强调新绿叶子。此外，佛堂背景采用中性白色来照明，通过色温的对比，可以更好地衬托古建筑。

像这样根据照明对象的材质、颜色，以及想让突显的部分营造何种氛围等条件，通过使用不同色温的光来进行相应的照明设计，是非常重要的。

光的颜色和明亮度之间的关系

　　明亮度和光的颜色的关系,可以参见图1.5。坐标系的横轴代表光的色温,纵轴代表光照度,通过两者组合,可以表现出每种色温在不同光照度范围带给人的感觉。这项研究发表于1941年,至今仍被经常引用。这张图之所以具有普遍性,是因为它像阳光的变化一样给人一种自然舒适感。比如,白天的光是高色温的,明亮且令人舒适;阴雨天的光会变暗,给人阴郁的感觉。又比如,日落时的光是低色温的,即使较暗,也比较舒适;但如果日落时的光较为明亮,则会让人感觉如同夏天般酷热难耐。

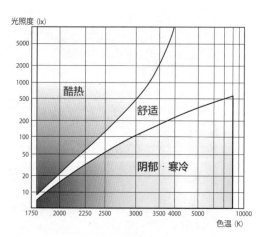

图1.5　光的颜色和明亮度之间的关系
　　注: 引用自克鲁托夫(Kruithof)1941年发表的心理效应,稍做修改。

　　通常人们白天所处场所的采光可以结合窗外的自然光,因此使用高色温、较明亮的设计比较自然。而在夜间,酒吧等作为人们的活动场所,使用低色温、较暗的灯光,更容易营造休闲放松的氛围。

光的角度和对比度

　　在照明中,建模是表现立体感的一种方式。建模显示了一个物体的外观是如何根据光的方向、光的扩散和光的强度等条件的不同而改变的。图1.6比较了在光照角度不同时,石膏像给人视觉上的差异。

　　你是否有这样的经验,像图1.6A那样,灯光从下往上照射人脸时,会看起来有些恐怖?

A. 从下往上照射时

B. 定向光从正面上方照射时

C. 漫射光从正面上方照射时

D. 漫射光从正面照射时

图1.6　光照角度不同造成的视觉差异

　　这是因为,日常生活中很少有从下方发射的光照到我们脸上,因此这种情况看起来很诡异。

　　当你用灯光照射一个三维物体时,你会同时看到明亮区域(高光)和阴暗区域(阴影)。图1.6B是定向光从正面上方照射物体的情景,明暗对比非常鲜明。图1.6C是漫射光从正面上方照射物体的情景,明暗差比图1.6B小。但是,当光线只从正面上方照射时,鼻子下面的阴影是无法消除的。图1.6D是漫射光从正面照射物体的情景,明暗差非常小,表情看起来也较为自然。

　　因光线照射角度不同而产生的明暗对比(明暗差)不仅会影响面部视觉效果,对室内氛围也有很大影响。特别是用餐的地方,不仅要考虑室内氛围,还要考虑共同用餐人的面部视觉效果。为了营造一个良好的用餐氛围,可以搭配使用漫射光和定向光,并且要考虑光线的照射角度。

　　在本书后面,我们将从明亮度、光的颜色和光的角度这3个要素的搭配讲起,详细论述如何优化照明设计。只要稍加用心,便可使生活更加绚丽多彩。

一种光的多种"表情"

你是否发现，不同颜色的光会影响你看物体的感觉？你是否有过这样的经历：在商店里因为某件产品的颜色好看而选择了它，但过后却发现你在商店里看到的颜色和你在商店外或回家后看到的颜色不一样？这种视觉上颜色的变化叫作"显色性"。在照明设计中，会根据被照物体的颜色和空间所需的氛围而使用不同颜色（色温）的光。

什么是光

什么是光？大雨过后，天空放晴，空中会出现色彩斑斓的彩虹。这是因为大气中的水蒸气起到了棱镜的作用，对不同折射率的光进行分光[1]，如图1.7所示。折射率的差异表明光的波长不同，而太阳光是由不同波长的单色光组成的。

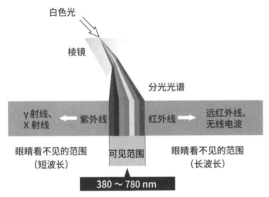

图 1.7　光谱

波长是指光在一次振动周期内传播的距离，单位为纳米（nm），1 nm是1 m的十亿分之一。人类能够感知的光的波长范围为380～780 nm，此范围的光称为"可见光"，由波长较短的紫光、波长中等的绿光，以及波长较长的红光组成。

比紫光波长更短的是紫外线，比红光波长更长的是红外线。紫外线可用于消毒，而红外线可用于加热。照射不同物体时，紫外线有时会导致褪色，而红外线会导致热损伤。

光谱分布和色温

太阳光的色温在一天中会发生变化（第11页图1.3），这是因为光的波长构成发生了变化。白天，短波长的蓝光较多，长波长的红光较少，因此色温较高；而到了晚上，短波长的蓝光较少，长波长的红光较多，因此色温较低。

图1.8显示了测量各种光源的波长构成而形成的光谱分布情况。光谱分布图中，横轴代表波长，纵轴代表当设定最常见光的波长为1的时候，其他波长相应的比例，将此数据连续排列便得到光谱分布的情况。从图中可知，各种光源的光谱分布是有明显差异的。

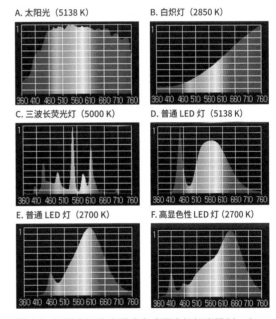

图 1.8　不同光源的光谱分布（因坐标长度限制，未显示到 780 nm）
（测量仪器：Spectronavi MK-350）

在人工光源中，色温越高（如图1.8C和图1.8D），包含的短波长的光越多，而色温越低（如图1.8B、图1.8E和图1.8F），包含的长波长的光越多。因此，色温是由光谱分布决定的，它显示了每种波长的光的构成比例。

---

[1] 分光即利用色散现象将波长范围很宽的复合光分散开来，形成许多波长范围狭小的单色光，这种作用被称为"分光"。——译者注

从图 1.8 可知，太阳光（图 1.8A）包含了所有波长的光。白炽灯（图 1.8B）和太阳光一样，其光能是由热能转化而来，虽然所含的波长较长的红光较多，但它也包含了所有波长的光。

从荧光灯（图 1.8C）的光谱分布来看，它是由不连续波长的光组成的。荧光灯中有一种三波长荧光灯（也称为"三基色荧光灯"），这种灯会强化光的三原色（即红、绿、蓝）的光波波长，因此测量时蓝色光、绿色光、红色光的波长位置应出现峰值（在图 1.8 的测量结果中，橙色而非红色出现峰值，是因为测量的灯的色温较高）。

在 LED 灯（图 1.8D、图 1.8E 和图 1.8F）中，蓝色 LED 灯被黄色荧光粉覆盖，将其转换成白光（第 22 页图 1.20A），因此它的光谱分布中，在蓝色光的波长 450 nm 附近呈现峰值。比起荧光灯，LED 灯由多种波长的光构成，因此它的光谱分布较为连续。

光的显色机制

色温不仅对营造氛围有很大作用，也是让物体形成不同视觉效果的关键。这是因为，一个物体的颜色取决于原始光线能有多少呈现在物体的被照面上。如图 1.9 所示，苹果被阳光照射时，苹果表面反射了与其颜色相同的红色波长的光，因此我们看到的苹果是红色的。

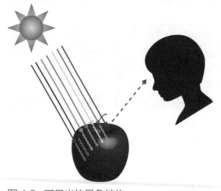

图 1.9　可见光的显色结构

国际照明委员会（法语缩写为"CIE"）确定了定量评价光的显色机制即显色性的方法。中国也出台了相关评价标准，即《光源显色性评价方法》（GB/T 5702—2019），其中以 R_a 表示一般显色指数（国外也有用 CRI 表示显色指数的）。R_a 值越接近 100，显色性越好（即高

显色性）。R_a 的计算有一套完整的过程，本书对此进行简化，这里提供一个简便的计算公式：

$$R_a = 100 - 4.6 \Delta E \cdots\cdots (1.1)$$

式中 ΔE——色差，指与 $R_1 \sim R_8$ 标准色相比得出的色差平均值。$R_1 \sim R_8$ 指鲜艳程度中等的颜色，从明度相同的红色系到紫色系中选取的 8 种试验色：R_1，淡灰红色；R_2，暗灰黄色；R_3，饱和黄绿色；R_4，中等黄绿色；R_5，淡蓝绿色；R_6，淡蓝色；R_7，淡紫蓝色；R_8，淡红紫色。

事实上，CIE 规定了 15 个测试颜色在特定光源照明下的视觉显示情况，并将其从 1 到 15 进行编号，用 $R_1 \sim R_{15}$ 表示它们的显示指数。除上述 8 种外，特殊颜色的显色指数用 $R_9 \sim R_{15}$ 来表示。R_9，饱和红色；R_{10}，饱和黄色；R_{11}，饱和绿色；R_{12}，饱和蓝色；R_{13}，白种人肤色；R_{14}，树叶绿色；R_{15}，黄种人肤色。

图 1.10 显示了根据图 1.8 中各种光源的光谱分布计算出来的 $R_1 \sim R_{15}$ 结果。人工光源中，白炽灯（图 1.10B）的 $R_1 \sim R_{15}$ 和 R_a 数值最高，具有较强的显色性。另一方面，尽管三波长荧光灯（图 1.10C）和普通 LED 灯（图 1.10D、图 1.10E）的色温不同，但它们的 R_9 数值都非常低。

A. 太阳光（测量时 5138 K / R_a 99）

R_1	R_2	R_3	R_4	R_5
100	99	99	99	100
R_6	R_7	R_8	R_9	R_{10}
99	99	99	97	99
R_{11}	R_{12}	R_{13}	R_{14}	R_{15}
99	98	100	99	99

B. 白炽灯（2850 K / R_a 98）

R_1	R_2	R_3	R_4	R_5
98	98	99	97	98
R_6	R_7	R_8	R_9	R_{10}
98	98	98	95	97
R_{11}	R_{12}	R_{13}	R_{14}	R_{15}
97	94	98	97	97

C. 三波长荧光灯（5000 K / R_a 83）

R_1	R_2	R_3	R_4	R_5
93	91	65	88	86
R_6	R_7	R_8	R_9	R_{10}
81	89	72	2	54
R_{11}	R_{12}	R_{13}	R_{14}	R_{15}
77	66	94	77	90

D. 普通 LED 灯（5138 K / R_a 70）

R_1	R_2	R_3	R_4	R_5
67	74	81	72	67
R_6	R_7	R_8	R_9	R_{10}
65	82	56	-33	40
R_{11}	R_{12}	R_{13}	R_{14}	R_{15}
68	38	67	89	58

E. 普通 LED 灯（2700 K / R_a 80）

R_1	R_2	R_3	R_4	R_5
77	88	98	75	75
R_6	R_7	R_8	R_9	R_{10}
84	84	57	3	71
R_{11}	R_{12}	R_{13}	R_{14}	R_{15}
71	60	79	99	69

F. 高显色性 LED 灯（2700 K / R_a 98）

R_1	R_2	R_3	R_4	R_5
98	99	96	95	97
R_6	R_7	R_8	R_9	R_{10}
98	99	99	96	99
R_{11}	R_{12}	R_{13}	R_{14}	R_{15}
93	94	98	97	99

图 1.10　图 1.8 中各种光源的 $R_1 \sim R_{15}$ 及 R_a 数值
[计算软件：Color calculator（Osram）]

在超市售卖肉类的区域，经常会将红色 LED 灯掺杂于白色 LED 灯中，或者使用增强红光波长的 LED 灯，甚至故意增强 R_9 的数值，这样操作会使肉品看起来更加新鲜。此外，R_{13} 和 R_{15} 的肌肤颜色在普通 LED 灯（图 1.10E）和高显色性 LED 灯（图 1.10F）下相比较，后者显色效果更好。因此，为了在卫生间化妆和剃须时有足够亮度，且可以在此检查身体健康状况（比如观察面色或身体各部位），使用高显色性 LED 灯是照明规划中的重要一项。

图 1.11 比较了图 1.10 中普通 LED 灯（图 1.11A）和高显色性类 LED 灯（图 1.11B）在照亮同一个苹果时，原始光和反射光的实际测量结果。两个灯的色温都是 2700 K，在苹果顶部的亮度调整为 200 lx 左右。对比左边的光谱分布可以看出，高显色性 LED 灯的 R_a 为 98，$R_1 \sim R_{15}$ 都很高，波长为黄色系的光较少，波长为红色系的光较多。普通 LED 灯和它的主要区别在于，R_9 红色的显色性具有较大差别。因此我们看右侧的苹果，尽管光照度相同，但高显色性 LED 灯照射下的苹果颜色更加鲜红。

当照射对象为多种颜色时，一般来说 R_a 值越高越好。照射对象是特殊颜色时，确认 $R_9 \sim R_{15}$ 的数值是非常重要的。比较同一光照度、同一色温的标准光源时，显色性可以显示出颜色的差异，但这并不代表显色性在光的各项衡量标准中具有绝对的优越性。比如，在消耗同等电能的

情况下，普通 LED 灯的光通量更多，更明亮，乍一看效果也非常好。因此并不是显色性越高就越好，而要考虑显色性和明亮度两方面因素。

评价显色性的新方法

由于 LED 灯的广泛使用，人们提出了评估显色性的新方法。LED 光的显色性越来越高，R_a 数值却看起来没有很大差异，因此评估显色性的传统方法已无法正确评估 LED 灯的效果。2015 年，北美照明工程学会（Illuminating Engineering Society of North America，简称"IESNA"）提出了一种新的评价显色性的方法，有两个指标 R_f 和 R_g：

R_f（色彩保真度指数）：评估了相对于参考光源，测试光源的色彩保真度，100 为最大值，越接近 100，色彩效果越逼真。

R_g（色彩饱和度指数）：评估了相对于参考光源，测试光源的色彩鲜艳度，数值高于 100，物体看上去更加鲜艳，低于 100，则物体看上去较为黯淡。

如今这两个指标已被广泛应用，它们有时与 R_a 一起列出。2017 年，CIE 还发布了一份技术报告，《CIE 2017 色彩保真度指数的科学应用》（*CIE 2017 Colour Fidelity Index For Accurate Scientific Use*）。虽然目前 R_a 还没有被其他指标取代，但今后随着光源的变化，评估显色性的方法也会随之发生变化。

A. 普通 LED 灯（2700 K）的光谱分布和 $R_1 \sim R_{15}$（R_a 80）

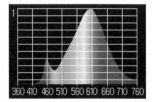

R_1	R_2	R_3	R_4	R_5
77	88	98	75	75
R_6	R_7	R_8	R_9	R_{10}
84	84	57	3	71
R_{11}	R_{12}	R_{13}	R_{14}	R_{15}
71	60	79	99	69

苹果的视觉呈现

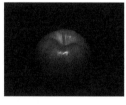

苹果的反射光光谱分布

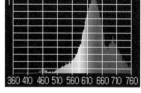

B. 高显色性 LED 灯（2700 K）的光谱分布和 $R_1 \sim R_{15}$（R_a 98）

R_1	R_2	R_3	R_4	R_5
98	99	96	95	97
R_6	R_7	R_8	R_9	R_{10}
98	99	99	96	99
R_{11}	R_{12}	R_{13}	R_{14}	R_{15}
93	94	98	97	99

苹果的视觉呈现

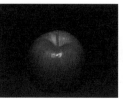

苹果的反射光光谱分布

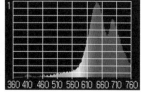

图 1.11　原始光和反射光的显色性比较
（测量仪器：Spectronavi MK-350/ 计算软件：color calculator）

☀ 昼夜节律照明，可以给人带来健康的光

大多数生物的活动周期为 1 天（24 小时）。这种周期也叫"昼夜节律"，意思是以一天为周期的生物钟。人体也有这样的生物钟，控制着人每天的睡眠时间、激素分泌和体温变化的周期等。研究已表明，这种生物钟受到光的影响。如果合理地利用光照可以保持健康，那么我们为什么不有效地利用它呢？

生物钟和光

2017 年，诺贝尔生物或医学奖授予了杰弗理·霍尔（Jeffrey C. Hall）、迈克尔·罗斯巴什（Michael Rosbash）和迈克尔·杨（Michael W. Young）3 位研究者，以表彰他们在发现控制昼夜节律的分子机制方面的贡献。此后，关注健康和时间之间关系的研究（即时间生物学），以及光对健康影响的研究也越来越多。

由于光可以控制人体分泌褪黑素，因此会影响人的生物钟。褪黑素是由大脑中的松果体分泌的一种激素，也被称为"睡眠荷尔蒙"。褪黑素有让人体降低体温的作用，因此会让人感到困倦。

如图 1.12 所示，当我们早晨沐浴在明亮的阳光下时，褪黑素的分泌会受到抑制，我们可以保持活跃的状态来进行工作或学习，而不会产生困意。太阳落山后，光线变得柔和且越来越昏暗，可以促进良好的睡眠。

而太阳高度的变化也会影响人的状态。例如，早晚太阳高度较低，低色温和低光照度的

光水平照射过来，人的状态较为放松。而当太阳高度升高，光的色温也升高时，高光照度的光从上向下照射下来，人的状态也会有所提升。

光的颜色、明亮度（两者之间的关系见第 12 页图 1.5）和光的方向（照射角度）这 3 个要素与人类活动息息相关。为了能让人在夜晚缓解白天工作的疲劳，并在清晨精神饱满地醒来，在室内设计中，我们需要充分利用照明设计中光对人体生理发挥作用的这些机制。

光疗

你是否听说过季节性情绪失调（Seasonal Affective Disorder，缩写为"SAD"）？

它是指人到特定的某些季节身体就会感到疲劳和精力不足。

在高纬度地区，冬季的日照时间较短，人体在白天得不到足够的光照。因此，调节生物钟的褪黑素的分泌节奏被打乱了，导致白天打瞌睡、晚上难以入眠的恶性循环。如果继续恶化会导致抑郁症，当它发生在冬季时，被称为"冬季抑郁症"。据说冬季抑郁症可以通过有意识地接受更多太阳光照或进行人工光照的高光照度疗法（光疗）来治疗。

中国北方的冬季日照时间也比较短，很多人忽视了光照和健康的关系，没有特意去晒太阳。而且室内使用高色温、高光照度照明的地方比较多，不仅在白天，夜间也同样抑制了褪黑素的分泌，这就使睡眠节奏出现紊乱。因此，夜晚室内的照明至关重要。

日光浴可能会造成晒斑、皱纹和皮肤癌等症状或疾病，但是接受紫外线的照射也会促进生成维生素 D，这是人体吸收钙和矿物质的必

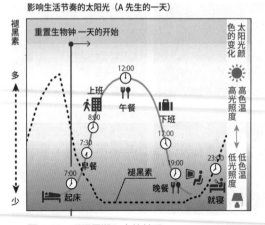

图 1.12　睡眠周期和光的关系

要条件。维生素 D 有助于让血液中的钙浓度保持一个稳定的水平，若缺乏维生素 D，会影响骨骼的发育和维护，导致儿童的佝偻病和老年人的骨质疏松症。因此在白天晒太阳，对人的生物钟调节和维持健康的骨骼等起着非常重要的作用。

昼夜节律照明

昼夜节律照明是一种照明概念，是随着 LED 照明的广泛应用而产生的。由于 LED 灯的发光部较小，可以在一个灯具中同时设置白色和暖白色两种 LED 光源，然后根据需要调节这两种光混合后的光色（调色）和明亮度（调光）。

利用这种功能，就可以配合太阳光的变化，白天使用高色温、高光照度的照明，夜晚使用低色温、低光照度的照明。这种有利于调节生物钟的照明叫作"昼夜节律照明"。

这一概念如今已被一些办公楼、医院和养老院等采用。白天，办公室里高色温的光可以使员工保持头脑清醒。到了晚上，医院病房、养老院的照明色温逐渐下降，维持人体较为舒适的色温和光照度的组合。一天中，色温和光照度的组合随时间变化，做到了既节能，又可提高生产率[1]。

医院或养老院的照明规划，不仅要从治疗和疗养的角度来考虑，而且要从改善住院患者和居住者的舒适度来考虑。特别是没有办法自由外出的患者或老人，他们没有办法通过太阳光来调节体内的生物钟，因此，为了有助于他们养成良好的作息习惯，早上自然醒来、晚上快速入眠等，有些场所使用了昼夜节律照明。

可调色、调光的照明灯具种类越来越多，包括筒灯（嵌入式顶部灯具）、吊灯（悬挂式顶部灯具）、支架灯（壁挂式灯具）、射灯和用于间接照明的线形灯具等，使得将昼夜节律照明纳入室内设计更加容易。图 1.13 是一个安装了可调色、调光的筒灯的客厅设计案例，白天采用中性白色（5000 K）（图 1.13 左），傍晚可切换至暖白色（2700 K）（图 1.13 右）。

中性白色 　　暖白色

图 1.13　使用可调色、调光的筒灯案例
（建筑设计：i.e.design）

由于在设计之初担心室内采光不好，预想到白天也要开灯，因此做了这样的设计。白天，在光线不足时，可以使用 5000 K 的照明，这样就可以使室内有足够的亮度；而到了晚上，可以使用 2700 K 的照明，让人感觉放松舒适。

低色温调色、调光功能

白炽灯在亮度调低后不仅会变暗，色温也会自动降低，颜色就会变红。根据光对人产生的心理效应，低光照度下，色温越低，人们感觉越舒适（第 12 页图 1.5）。这是缘于人体的生理反应，低色温的光线会刺激褪黑素的分泌（图 1.12），因此白炽灯的调光不仅有利于心情舒畅，也有利于促进良好睡眠。

普通的 LED 灯是两种光的混合，其色温只能在暖白色（2700 K）、中性白色（5000 K）和日光色（5000 ~ 6200 K）这个范围内进行调节。从图 1.5（见第 12 页）可以看出，如果色温固定，房间太暗也会使人心情阴郁。为此，人们开发了低色温的调色、调光灯具，它混合了两种不同颜色的 LED 灯（2000 K 和 2700 K），即使在较暗的环境下，也能给人以舒适的感觉，类似于白炽灯的调光。这类灯具可以用于卧室，以促进良好的睡眠，或用于餐馆、酒吧和酒店房间，以营造昏暗而舒缓的氛围。

[1]　[日] 西村唯史. 兼顾生物体内生物钟的照明控制. 电器设备学会会刊，2013，33（1）：34-36.

💡 掌握眼功能与光线的关系

众所周知，我们想要看清楚某个物体时，需要光有一定的明亮度。

人的视觉功能和光有密切的关系。眼睛在观察物体时可以自动调节，这是人眼优秀的调节机制。了解视觉功能有利于我们更好地运用光线。

基于眼功能的照明设计

你是否有这样的经验，从明亮的地方进入黑暗的场所，眼前瞬间漆黑一片，感觉很慌张，但过了一会儿就可以模糊地看清周围？这种视觉功能叫作"暗适应"。在照明设计中，这种考虑眼睛暗适应功能的照明叫作"缓和照明"，在隧道、美术馆、博物馆等的照明设计中起着重要作用。

长度不同的隧道，其入口处和中部的照明间距是不一样的。这是因为，车辆高速行驶，进入隧道后眼睛需要一段时间适应光线的变化，因此越靠近隧道入口处的光线越明亮，这样可以让已经适应了自然光的眼睛逐渐适应隧道内的光线，更容易识别隧道内的道路情况。

在美术馆和博物馆，为了保护展示作品，在不影响人们观赏展品的情况下会调暗照明光线。习惯了室外自然光的人突然进入室内时，视线会变得模糊。因此从入口到展厅的一段路，会调节光线以方便眼睛适应环境的变化。

眼睛的成像机制

眼睛经常被比作照相机。图 1.14 显示了眼睛的结构。光线进入由虹膜包围的瞳孔，虹膜会根据周围的明亮度自动调节瞳孔的进光量。进入瞳孔的光线经过晶状体折射，被聚焦在视网膜上。晶状体相当于照相机镜头，而视网膜相当于胶片。两只眼球可以对周围环境形成立体画面，同时视野也更广阔。

要想看见东西，需要信息从视网膜传输到视神经，再传输到大脑的视觉神经中枢。也就是说，人眼不同于照相机，即使眼功能正常，若视神经、大脑受到损伤，一样会损害视觉功能。

晶状体通过收缩睫状肌来自动调整焦距，因此在看近处物体时会膨胀，在看远处物体时

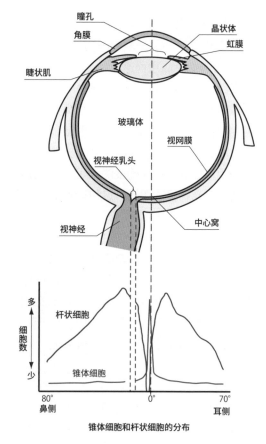

锥体细胞和杆状细胞的分布

图 1.14　眼球的结构

会收缩。近视就是由于长期看近处物体，导致晶状体膨胀并变硬，使图像难以聚焦于视网膜上。人们常说，在黑暗中看书会导致近视，其实在理论上这与亮度无关。然而，如果光线不足，人为了看得更清楚，会缩短与被视物体的距离，加之长时间仔细观察，从而提高了近视的可能性。这是导致近视的一个潜在原因。

人并非一出生就具备完好的眼功能，它需要通过外部的刺激逐渐发展成熟，大概在 10 岁左右趋于稳定。

毫不夸张地说，眼睛在成长过程中接受的光刺激对视觉功能会产生终生影响。特别是儿

童时期，眼球本身很小，不适合长期膨胀晶状体看近物，因此要尽可能减少看近物的时间，多在户外运动，增加看远处的机会，保持晶状体的灵活性，这对于保护眼睛来说非常重要。

如图 1.14 所示，视网膜中有两种类型的视细胞（也称为"光感受细胞"或"光感受器"）。一种是在明亮处工作的锥体细胞，另一种是在暗处工作的杆状细胞。锥体细胞可以识别光的三原色，即红色、绿色、蓝色，适于在明亮处工作，若在暗处，识别颜色的效率就会下降。杆状细胞虽然不能识别颜色，但是可以感知哪怕极其微弱的光线，因此它可以在黑暗处工作。这就是人们在黑暗中可以识别物体的形状，却无法识别物体颜色的原因。

如上所述，眼睛会根据周围环境的亮度自动使用两种不同类型的视细胞，也会通过瞳孔的大小来调节进入眼睛的光量。无论是星光还是盛夏屋外的阳光，人眼都可以应对自如。

图 1.15 显示了人眼对光的明亮度的感知范围。锥体细胞起主要作用的叫作"明视觉"（10 ～ 100 000 lx），杆状细胞起主要作用的叫作"暗视觉"（0.0001 ～ 0.01 lx），两者之间的叫作"中间视觉"（0.01 ～ 10 lx）。

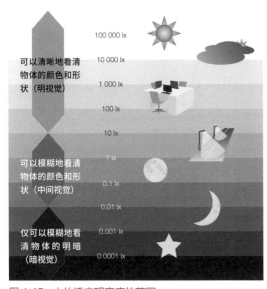

图 1.15　人体适应明亮度的范围

此前阐述的暗适应是眼睛起作用的细胞在一定时间内由锥体细胞向杆状细胞转换的过程，需要较长时间。而在明亮处的适应叫作"明适

应"，短时间内便可实现。此外，随着暗适应增强，眼睛感知较弱光线的能力也随之增强。图 1.16 中显示了眼睛的适应曲线。

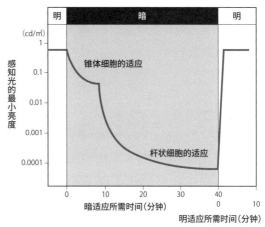

图 1.16　眼睛的适应曲线

你听说过詹姆斯·特瑞尔（James Turrell）吗？他是一位将光化为艺术的艺术家。他的一些作品利用了光影，让你感受到眼功能带来的一些有趣的体验。

什么是眩光

如图 1.15 所示，人眼可以感知的明亮度范围很大，但是当高亮度的光线突然进入视野时，我们会有一种刺眼的感觉。这种引起刺眼感觉（即不快感）的光，叫作"眩光"。在照明设计中，我们应尽可能地避免产生眩光，这一点非常重要。有 4 种情况会导致眩光：

· 当周围环境较暗，眼睛处于暗适应状态时。
· 当亮度非常高时。
· 当光线距离眼球相当近时。
· 当发光面的视觉面积很大时。

眩光也可以由反射引起，这种被称为"反射眩光"。当电视机、电脑的屏幕，以及光滑的纸等反射亮度较高的光线时，便会产生反射眩光，会让人看不清物体。

眩光不仅会让人不舒服，而且会造成视觉疲劳。特别是 LED 灯发出的光具有较强的方向性，即使发光面积很小，也会容易给人刺眼的感觉，因此需要多加注意。

色适应和恒常性

太阳光在一天中的色温是不断变化的，但是在我们的视觉中，光的显色机制并没有变化。这是因为眼睛具有色适应功能，即可以适应由光线强弱所引起的颜色变化，通过调节眼部的感光来完成色适应。

此外，对于已经感知的颜色，如苹果的红色、香蕉的黄色等，眼睛会产生颜色恒常性现象——即使不同色温的光照射在物体上，导致物体颜色发生变化，但是人对该物体表面颜色的知觉仍然保持不变。这也是人眼和照相机的区别，视网膜成像区别于照相机直接成像在胶片上，人对物体的识别则基于大脑的处理，因此会产生以上不同。

既然光会使人对颜色的识别产生差异，那么上述的大脑处理又有什么意义呢？实际上，太阳光的色温即使变化，也是在高色温的范围内，因此，这时的光不会对颜色识别产生影响。只有在显色性较低的光环境下，才会对颜色识别产生影响。

什么是亮度的感觉

人眼对亮度的感知随光的波长变化而不同，通常用相对视见度来量化。相对视见度是亮度感觉的一个基本特征，CIE 制定了一个国际标准，即人的平均相对视见度，也就是视见函数（光谱光效率函数）。

视见函数如图 1.17 所示，分明视觉和暗视觉，其感知方式不同。这是由生理学家浦肯野（Jan Evangelista Purkinje）发现并阐明的，因此也叫"浦肯野现象"。

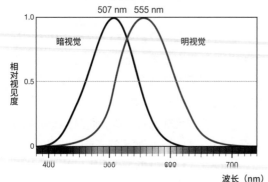

图 1.17　视见函数（浦肯野现象）

在明视觉中，光的波长在 555 nm 附近，即黄绿色光时，人会感觉最明亮。在暗视觉中，人感觉最明亮的是波长在 507 nm 左右的绿光，并有向短波移动的倾向。基于此视功能，人们开发了一些在暗视觉中能够提高亮度感知度的 LED 防盗灯和夜间道路照明等。

此外，根据韦伯－费希纳定律（表明心理量和物理量之间的关系），人类对明亮度的感觉量与刺激物强度的对数成正比。例如，5 lx 和 10 lx 的光相比较时，我们可以感知 5 lx 的差异。而当 100 lx 和 105 lx 的光相比较时，人眼无法识别其差异。也就是说，光越亮时，人越难识别差异，只有差异足够大时才能被感知。

什么是亮度对比

如图 1.18 所示，左右方框中灰色正方形的颜色是相同的，但是由于左边的背景比较暗，因此灰色看上去较浅（亮）。这种现象被称为"亮度对比"，它是指一种颜色看起来比它本身更亮或更暗的现象，这取决于周围的颜色。对于眼睛来说，亮度的对比是相同的，这是一种基于比较的相对评估。在有暗影存在的时候，我们更能感知光明。

图 1.18　亮度对比

你听说过雪盲吗？它是指在满是白色的雪景中无法区别明暗、失去方向感的现象。第 42 页图 2.5C 中的雪景色和第 43 页图 2.6B（室内整体都是白色的），虽然看起来很开阔，但是缺乏稳定感。后者是案例实景照片，家具颜色作为点睛之笔，与全屋的白色形成适当对比。

在照明方案中，不仅要考虑适当的亮度以支持行动的便利性和可视性，而且要在明暗之间建立适当的平衡，这一点非常重要。

💡 善待日益衰老的身体：年龄和光的关系

随着年龄增长，我们都会面临身体的逐渐衰老。和光密切相关的是视觉功能，因此随着视觉功能的衰退，我们看到的景象也会发生变化。

随着年龄的变化，我们有时会翻新室内装修，以便更好地生活。特别是为晚年生活所做的适老化改造，如今已受到越来越多的关注。装修中有时需要新增照明设备，由此会带来花费过多装修费用的担心。如果在最开始设计时便考虑到年老后的需求，就可以只更换灯泡或照明器具等，简单地完成室内翻新了。

年龄增长与视觉功能的变化

由年龄增长所导致的视功能衰退，俗称为"老花眼"。人们大概从 40 岁左右就会开始视功能衰退，如果预计寿命 80 岁的话，我们将有一个相当长的时间要和老花眼相处。眼睛的老化过程如下：

（1）晶状体的硬化：老花眼

晶状体的弹性下降，调节晶状体凸起的睫状体的肌肉也逐渐萎缩，看近处时无法聚焦。

（2）瞳孔缩小：随着年龄的增长，收光力降低，暗适应能力下降

随着年龄增长，瞳孔扩大变得困难，进入瞳孔内的光线减少。即使是明亮度一样的物体，同年轻人相比，老年人也会觉得暗一些。此外，由于瞳孔不能放大，暗适应也变得困难起来。

（3）晶状体浑浊：适应眩光的能力减弱

晶状体内白色杂质增多，如持续恶化，将会导致白内障。这种白色的杂质在眼球内会对光产生漫散射，因此眼睛很容易感到眩光。

图 1.19 显示了不同波长的光的透射率随年龄增长发生的变化。和长波长的光相比，短波长的光的透射率随年龄增长而变化的程度更大。由图可知，老年人的眼睛较容易接受波长较长的低色温的光的亮度变化。由晶状体浑浊引起的光的漫散射，波长越短越容易发生，因此从抑制眩光来说，低色温的光更适合老年人。此外，由于暗适应能力降低，除非是颜色差异非常鲜明，否则老年人很难看清台阶，上下台阶容易出现事故，因此需要多加注意。

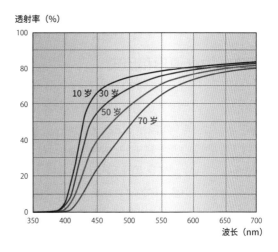

图 1.19 随年龄变化的晶状体对不同波长的光的透射率
注：引用自 CIE 标准 203:2012 包含勘误表（CIE 203:2012 incl. Erratum）《人眼透射和吸收特性的计算机方法》（*A Computerized Approach to Transmission and Absorption Characteristics of the Human Eye*），稍做修改。

老龄化与生物钟

随着年龄增长，影响生物钟的褪黑素的分泌也逐渐减少。有的人年龄越大睡眠越浅，越容易早起，此变化也和褪黑素的分泌有密切关系。加上退休、疾病等因素，老年人外出的时间减少，接受太阳光照射的机会也逐渐减少，同样会引起褪黑素分泌障碍。照明节律的引入会弥补老龄化带来的生物钟紊乱。

你有没有这样的经验：夜晚起床去洗手间，感觉灯光刺眼，回到卧室上床后难以入眠？对于这种情况，可以在卧室以及去往洗手间的路上设置小夜灯或带调光开关的照明（第 121 页图 4.6），这样就可以改善因光照刺激而无法入眠的情况。

第 2 节　体积小寿命长：LED 照明设备及其使用方法

💡 了解 LED 的特性

LED 是英文"Light Emitting Diode"的首字母缩写，即发光二极管。

LED 以它的节能性和寿命长受到人们关注。由于 LED 的发光部体积小，有利于开发小型灯具，因此不仅在照明领域，在建筑和家居领域也被广泛应用。此外，LED 的波长容易控制，对不同的照明对象可以显示高显色性。且调光易控制，可以使用无线遥控。下面让我们来熟悉 LED 的特点，以便设计更合理的照明方案。

LED 的发光原理和历史

LED 利用了半导体的发光原理。半导体（Semiconductor）是导电性能介于导体（如金属）和绝缘体（如橡胶）之间的材料。

LED 的核心部分是由 P 型半导体和 N 型半导体组成的晶片，在 P 型半导体和 N 型半导体之间有一个过渡层，称为"PN 结"。给两型半导体同时通电，便会产生电场，激发电子碰击发光中心，从而在能级间跃迁、复合，并将多余的能量以光的形式释放出来，将电能转换为光能。这便是 LED 电致发光（Electroluminescence）的发光原理，缩写为"EL"。

此外，在移动电话和电视显示屏中使用的是有机 EL，英文是"Organic Light Emitting Diode"，简称"OLED"，即有机发光二极管。有机 EL 中的"EL"代表电致发光，是同 LED 发光原理相同的半导体。

LED 发光原理是在一百多年前发现的，但直到 20 世纪 60 年代才被实际使用。最先发明的是红色 LED，随后相继开发出黄色、橙色的单色 LED，并用于家电的开关显示及电子显示器上。20 世纪 90 年代，日本成功地提高了蓝色 LED 的亮度（由于日本研究者赤崎勇、天野浩、中村修二在提高蓝色 LED 亮度上的卓越贡献，2014 年被授予诺贝尔物理学奖），并以此为契机，开发出了绿色 LED。这样就集齐了光的三原色（红色、绿色、蓝色），实现了全色照明。并进一步开发出了白光 LED，这使得照明行业迅速"LED 化"。

除了照明行业外，LED 现在还被用于电视机、电脑显示器和移动电话，而且体积越来越小，厚度越来越薄。

白色 LED 的种类

目前还没有单色是白色的 LED，主要通过 3 种方法得到白色 LED。图 1.20 显示的是 3 种不同方法制成的 LED 的光谱分布。

A. 蓝色 LED + 黄色荧光物质

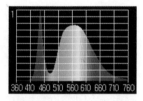

B. 紫色（近紫外线）+ RGB 荧光物质

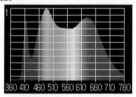

C. 红色 LED + 绿色 LED + 蓝色 LED

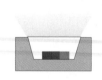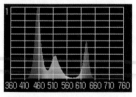

图 1.20　白色 LED 的实现方法和光谱分析
（测量仪器：Spectronavi　MK-350）

红色 LED 和蓝色 LED 的颜色差异在于使用的 LED 芯片的材料不同。例如，红色使用了砷基材料，而蓝色 LED 使用氮化镓（GaN）。

常见的白光 LED 是由蓝光 LED 与黄色荧光物质组合而成的。由于黄色光是红色光和绿色光的混合光，将其再与蓝色光混合在一起，就凑齐了光的三原色，使混合光变成白色。调整黄色荧光物质的颜色，可以改变光的颜色（色温）。图 1.21 显示了 LED 光色的种类，这正是 LED 照明的一个特点，即可以实现相同形态下的多种色温。

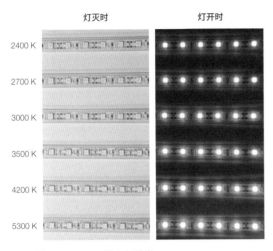

图 1.21　LED 的光色种类

如图 1.20A 中的光谱分布所示，普通 LED 的特点是波峰为蓝色光的波长，红色光的波长很少，导致红色显色性较差。

为了改善这一问题，开发出了第二种类型（图 1.20B），将紫色或近紫外 LED 与 RGB 三色荧光物质相结合，从而实现各色光的高显色性。如图 1.20B 中的光谱分布所示，RGB 的各个波长都得到了强化，与图 1.20A 相比，红色波长更多。

图 1.20C 是将 RGB 三种颜色的 LED 混合在一起使发光成白色的方法，这就是全色照明。这种照明改变颜色的原理如下：电脑中 RGB 每个颜色的色阶是 0 ～ 255，也就是说，每个颜色有 256 级，从每个颜色中选一级，即 256 的 3 次方，便可得到约 1677 万个混合后的颜色，光谱分析可以显示出 RGB 每种颜色波长的峰值。

研究者最近开发出白光 LED 与 RGB 混合的 RGBW 四色混合照明，除了 RGB 外还可以

强化其他光色的波长，因此就诞生了集多种颜色及可调色、调光功能于一身的新型 LED 照明，不仅可以用于家居空间，也可以让其他空间在各项活动中享受多彩照明。图 1.22 显示了可调色、调光且颜色可变的 LED 灯。

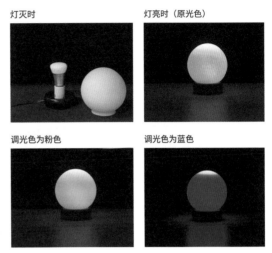

图 1.22　可调色、调光且颜色可变的 LED 灯

白色和肤色的视觉效果

第 15 页图 1.11 显示了普通 LED 灯和高显色性 LED 灯照射苹果时的视觉差异，高显色性 LED 灯下的红色会更加鲜艳、明亮。图 1.23 显示了以同样方法比较白色陶器视觉效果和光谱分布的结果。两者色温都是 2700 K，光照度为 500 lx。

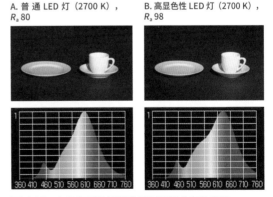

图 1.23　白色陶器的视觉效果及光谱分布的差异
（测量仪器：Spectronavi　MK-350）

图 1.23A 使用的是普通 LED 灯，看起来略微偏黄，而图 1.23B 使用的是高显色性 LED 灯，在视觉上更容易准确识别白色餐具的颜色。

特别对于服装来说，是白色还是米白色有很大区别。因此，高显色性 LED 灯也更适合检查白色的细微差异。

在第 14 页，我们介绍了 15 种显色指数，其中有两种不同肤色的显色指数，R_{13} 是白种人的肤色，R_{15} 是黄种人的肤色。皮肤颜色主要由两种物质决定，即呈黑褐色的黑色素和呈红色的血液中的血红蛋白。其中黑色素吸收短波长的光（包括紫外线辐射），可以保护皮肤。日晒后皮肤会变黑，正是由黑色素增加所导致的。

影响肤色的一个重要方面是，人的皮肤不仅具有反射性，还具有半透光性。光照射皮肤时，如图 1.24 所示，有 4 种情况：有的光会在皮肤表面反射，有的光会在皮肤内被吸收或散射，有的光会经过以上过程后被反射出皮肤外[1]。

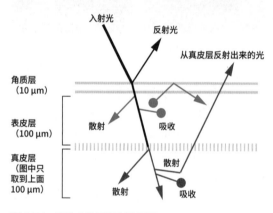

图 1.24　皮肤内外反射光的原理
注：根据页下注［1］，有所调整。

此外，皮下不同层在光的吸收、散射上的效果不同。有研究显示，表皮层较浅的地方，主要是吸收和散射短波长的蓝光，反射出皮肤的蓝光较少。波长较长的红光到达真皮层的深处，在皮肤内被吸收和散射之后，与其他波长的光相比，更容易被反射出皮肤外。也就是说，红光进入皮肤后再从内部反射出来，使得皮肤上的斑点、毛孔和其他凹凸不平的地方不那么明显。

黑色素和血红蛋白的分光反射率决定了肤色的视觉效果，其分光反射特性如图 1.25 所示。分光反射率是指，在可见光范围内（波长 380 ~ 780 nm），各波长的入射光和反射光的比值。

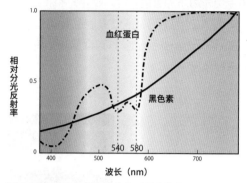

图 1.25　黄种人皮肤的分光反射率特性
注：根据页下注［2］，有所调整。

也就是说，肤色的视觉效果取决于黑色素和血红蛋白的分光反射率。血红蛋白的分光反射率在 540 nm 和 580 nm 这两个波长值最低，对应的光波最容易被吸收；而对 550 nm 左右的中波长来说，黑色素比血红蛋白的分光反射率更高。因此，如果多用中波长的光的话，黑色素起的作用更大，会使斑点和皱纹更加显眼，肤色看起来黯淡无光。

因此，一些照明厂商开发了抑制中波长黄绿色至黄色的光，并含有更多长波长红色光的 LED 照明，让皮肤看起来更漂亮。图 1.26 显示了改善肤色外观的光谱分布[3]。

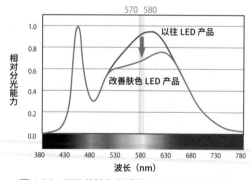

图 1.26　可改善肤色外观的 LED 光谱分布图示
注：根据页下注［3］，有所调整。

［1］［日］上原静香. 具有透明感的美肤的奥秘. 照明学会会刊，2002，86（3）：197-198.
［2］［日］吉川拓伸. 皮肤颜色的科学. 日本色彩科学学会杂志，2005，29（1）：31-34.
［3］［日］岩井弥，等. 利用波长控制技术开发 LED 照明灯具有利于识别皮肤颜色. 日本化妆品学会杂志，2016，40（4）：262-267.

比起血红蛋白，黑色素的分光反射率更高，更容易阻隔 570 ~ 580 nm 波长的光，因此肤色看上去更红润。控制波长是 LED 照明的特长，也叫 LED 照明的波长控制技术。

紫外线和红外线

与传统光源相比，LED 有几乎不含有紫外线和红外线的特性。这减少了由红外线造成热损伤和由紫外线造成褪色的隐患，对于艺术品和贵重物品的储存和展览来说具有很大优势。此外，如前所述，根据照射对象颜色特性的不同和波长控制技术的不断进步，LED 的显色性在今后也会进一步提高。

此外，在商用建筑中，以前的照明方式散热较多，即使冬天也需要空调制冷。而 LED 照明可以抑制发热，因此采用 LED 照明，不仅照明本身可以节能，而且还可以减少空调的负担。

图 1.27 比较了人类和主要昆虫的可见光波长。从图中可以看出，昆虫可以感知人类无法感知的紫外线的亮度。有句谚语说"飞蛾扑火"，意思是说飞向火光的虫子最后被火烧死，用于形容甘愿冒风险奔赴危险境地。这句话的由来，正是因为这些虫子具有被光吸引的趋光性这一特质。

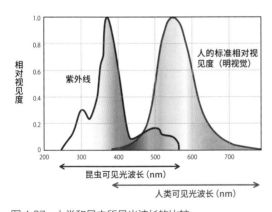

图 1.27 人类和昆虫所见光波长的比较

普通 LED 不包含低于 380 nm 的紫外线，因此不会吸引昆虫。用光吸引虫的属性被称为"诱虫性"，用诱虫指数衡量。表 1.1 比较了主要人造光源的诱虫指数。在人工光源中，诱虫指数最低的光源是用于道路和隧道中的橙

表 1.1　主要人造光源的诱虫性

灯具种类	诱虫指数
白炽灯	100
高压钠灯	36
荧光灯（暖白色）	134
荧光灯（中性白色：5000 K）	171
荧光灯（日光：6500 K）	182
LED（暖白色：2700 K）	60
LED（中性白色：5000 K）	101

色的高压钠灯。同样的光源，低色温光源比高色温光源更不易吸引昆虫。

高压钠灯诱虫指数小的原因是，在可见光范围内，去除昆虫可见光中 380 ~ 550 nm 波长的光后，光的颜色呈橙色、黄色。在农田和食品加工厂附近经常用到高压钠灯，但是由于这种灯过于明亮，因此现在为这些地方开发了融合 LED 波长控制技术的照明灯具。

此外，研究者还开发了紫外线 LED 灯（UV-LED），这种灯具包含了许多昆虫可见光范围内的紫外线波长的光，因此可以吸引昆虫，作为一种诱捕昆虫的照明装置。这种产品就应用了"飞蛾扑火"这一概念。以往此类产品大多采用荧光灯，通过高压电流或者黏着方式来诱捕昆虫，但是体积庞大，很难应用于注重设计感的室内，UV-LED 的出现弥补了这一缺陷。目前很多厂商正在开发可以融入室内设计的捕虫照明。

集成式和球泡型

传统的采用白炽灯泡和荧光灯管的照明设施，其灯泡和灯具通常是由不同的制造商开发的。开发灯具时，可根据灯泡的形状及发光的特性来设计发射镜和灯具形状。

LED 照明一方面可以单独开发传统的 LED 球泡灯，另一方面可以开发集成一体式的 LED 照明，其选择较多，并不断向小型化发展。

LED 是由直流电（Direct Current，缩写为"DC"）点亮的，而电力公司提供的是交流电（Alternate Current，缩写为"AC"），因此需要一个将交流电转换成直流电的电源装置。LED 球泡灯的灯头内置于电源装置内，在最开

始推广 LED 球泡灯时，它们的体积通常比传统的白炽灯泡还要大。发光部的面积小，也意味着光的扩散面窄，即使正下方的亮度相同，但由于该区域周围的光较少，所以看起来也会很暗。此后 LED 电源装置不断缩小，达到了和传统光源几乎一样的大小，加之不断开发出来光扩散效果较好的 LED 球泡灯，现在 LED 照明的种类（第 201 页图 5.20）也不断丰富起来。

图 1.28 比较了集成一体式 LED 射灯和 LED 球泡型射灯的大小。集成一体式 LED 的优点是灯具体积较小。图 1.28A 中的电源装置和插头部分集成在一起，使得圆筒形灯具部分可以小型化。而图 1.28B 中的 LED 球泡型射灯则需要考虑覆盖 LED 球泡的灯具部分的散热问题，因此，一般来说，LED 球泡灯要比集成一体式 LED 照明灯具的体积大一些。

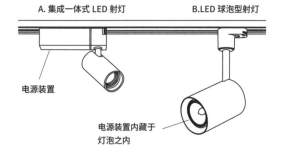

图 1.28　集成一体式 LED 和 LED 球泡型灯具的区别

集成一体式 LED 照明的缺点是不能替换灯泡。通常 LED 灯的额定寿命是 4 万小时，建议 10 年左右更换一次灯具。当然，这并不意味着 10 年后灯具就会失去功能，但随着 LED 灯老化，最终你还是需要更换灯具。如果是可以安装在照明轨道上的灯具或吊装式吸顶灯（第 191 页图 5.2），可以自己更换灯具。关于 LED 球泡灯不同类型的特点和安装方法在第 196 ～ 200 页有详细说明。

易控性

LED 照明与传统光源的主要区别在于其易控性。LED 易于数码控制，因此具有可应用于物联网技术（允许各种物体连接到互联网的技术）的优势。照明控制有以下 5 种方式：

· 调光（亮度可调）。
· 调色（色温可调）。
· 全彩可变。
· 远程操作（无线 Wi-Fi）。
· 传感器联动。

现在 LED 照明不再是传统光源那样只可以简单地调光，对色温也可以进行调节，从而实现调色、调光，方法很简单，将两种不同色温的 LED 组合起来就可以实现调色。一般来说，能调色的 LED 也可以调光。采用这项技术更容易实现第 17 页所描述的昼夜节律照明。

此外，第 23 页图 1.22 中介绍的全彩可变 LED 照明，也有越来越多的变化。其中很多都可以通过在智能手机和平板电脑上下载专门的应用程序来自由改变灯光的颜色和亮度。同时物联网技术使得照明控制更加自由，不仅可以用墙壁开关控制，还可以远程操作。如图 1.29 所示，可以将照片中的颜色赋予灯光，从而让人重温旅行时的美好回忆。

图 1.29　全彩可变照明的操作实例

此外，LED 照明与传感器也可以一起使用，这是因为它的开关耐用性较强。荧光灯由于在短时间内开关具有不稳定性，因此和传感器一起使用会大大缩短寿命。而 LED 照明则很好地克服了荧光灯这一缺点，其具体的控制及安装方法，在第 200 ～ 203 页有详细说明。

专栏 1
LED 造成的视觉伤害和失调

你听说过蓝光危害吗？蓝光危害是指蓝光对视网膜造成的损伤。短波长的蓝光（400 ~ 500 nm）在可见光范围内所含能量较高，容易伤害到视网膜。在日全食期间，我们被告知不要用肉眼直视太阳就是这个道理，因为眼睛暴露在强光下有可能导致视网膜损伤。

在通常情况下，如果眼细胞疲劳或受损，可以通过新陈代谢进行修复。然而，如果眼睛长时间看光或暴露在强光下，眼细胞无法从疲劳中恢复过来，就会发生视网膜损伤，使得视力下降，严重时甚至有失明的风险。

如第 22 页图 1.20A 所示，在普通白色 LED 的光谱分析中，波峰为短波长的蓝光，因此有人认为，LED 照明容易引起蓝光危害。图 1.30 比较了几种主要光线造成蓝光危害的风险程度。如果将自然光（不包括太阳光直射）的风险设定为 1，比较各个光源，可以看出，并非只有 LED 的风险高，无论何种光源，如果含有蓝色光较多且色温较高，那么引起蓝光危害的风险就比较大。

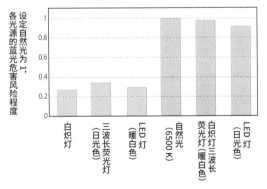

图 1.30 主要光源的蓝光视网膜损害的风险[1]

一般的光谱分布中将量最多的光的波长设定为 1，然后显示其他光的相对值。LED 的蓝光多突出在波峰处（第 22 页图 1.20A），因此经常被认为容易引起蓝光危害。但从实际照明效果来看，LED 和传统光源的蓝光危害并没有太大区别。

然而，LED 不仅用于照明，还用于电视机、电脑和手机的屏幕显示，因此如果长时间观看，确实会引起蓝光危害，这才是 LED 真正需要注意的地方。

LED 引起的伤害除了对视网膜的损伤，还有引起生物钟紊乱、导致睡眠障碍等情况。图 1.31 的光谱分析比较了蓝光视网膜损伤和抑制褪黑素分泌的影响。可以看出，蓝光对褪黑素分泌有抑制作用，因此不建议在卧室里使用含蓝光量高的高色温照明。另外，正如第 17 页低色温调光功能中所解释的，LED 的色温不会随着单色灯泡的调光而降低，如果光线变得太暗，则舒适感会受到影响。因此，在需要黑暗的卧室里，建议使用低色温且具有调色、调光功能的照明灯具。

然而，这并不意味着持续暴露在蓝光下是件坏事，比如在白天适当地享受包含自然光在内的高光照度的白色光的照射是非常重要的。有了对 LED 照明的正确理解，然后正确使用 LED 照明，就可以减少 LED 对视网膜的损害, 降低身体失调的风险。

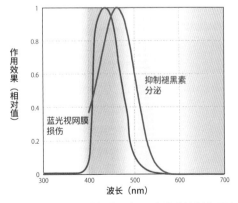

图 1.31 蓝光视网膜损伤和褪黑素分泌抑制作用光谱分析

注: 根据页下注 [1], 有所调整。

[1] 日本照明工业会, 日本照明委员会, 日本 LED 照明推进协议会. 关于 LED 照明的生物安全性: 对于蓝光（蓝色光）的正确认识，2015，10 月 1 日版

第3节　照明创造空间的基本原理

由一室一灯转向多灯分散照明

在考虑室内照明时，应优先考虑人的生活方式，按照人的行为习惯配置灯光，而不是按房间选择照明灯具。由于对灯光的评价是相对的，因此要考虑到和周围光线的和谐。这样一来，我们需要从"一室一灯"的设计转向"多灯分散照明"设计，在合适的时间给予合适的光线。

摆脱一室一灯

图 1.32 显示了夜晚居民楼的灯光夜景。暖光和白光混合在一起，天花板中央的吸顶灯发出明晃晃的耀眼的光。这种照明被称为"一室一灯"。整个房间可以得到同等程度的光亮，但是这种设计真的能够让人身心放松吗？

图 1.32　住宅区内的灯光夜景实例

从上面倾泻下来的白光看起来像白天的太阳光。考虑到第 12 页图 1.5 和第 16 页图 1.12 中描述的光对人产生的心理和生理效应，我们不建议夜间使用和白天一样的白色照明。

吸顶灯之所以被频繁使用，可能是因为它适用于大小不同的房间。根据《建筑照明设计标准》（GB 50034）的要求：客厅一般活动需要的照度为 100 lx，书写阅读需要的照度为 300 lx；卧室一般活动的照度需求为 75 lx，床头、阅读时需要的照度为 150 lx；厨房一般活动需要照度为 100 lx，操作台需要的照度为 150 lx；卫生间的照度需求为 100lx。

如今室内设计中出现了多灯分散照明的方法，引入了焦点照明、氛围照明的概念。这是办公场景中工位照明、环境照明向住宅领域的延伸。

焦点照明分为功能性照明和装饰性照明，前者要求识别视觉对象，后者要求眼睛停留在视觉对象上。而氛围照明则被定义为影响空间整体视觉效果的照明。将几种照明方式结合起来进行照明设计是非常重要的。

照明在住宅中的作用

图 1.33 总结了室内照明的作用。从辅助人类视觉这一角度来看，为了使日常生活更加便利，室内照明应给人带来安心、安全的感觉，那么"辅助日常生活的光"这一要素必不可少。而"享受生活，多彩多姿的光"这一要素则可以给人带来心理上的舒适感。因此，除视觉以外，我们需要考虑什么样的照明设计可以起到帮助用户维持身心健康的作用。

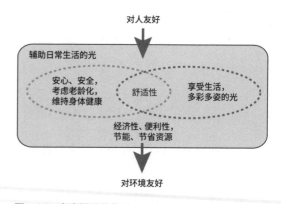

图 1.33　室内照明的作用

此外，提高照明的便利性和质量还可以节约能源和资源，符合可持续发展的理念。因此这不仅可以实现照明对人友好，还可以实现照明对环境友好。

了解各种人类活动的所需亮度的标准

各类场所如办公室、学校等，根据领域、工作或活动的特点，有不同的照明要求。

表 1.2 介绍了不同的室内作业及活动的推荐光照度及其范围。推荐光照度是指基准面的平均光照度。如果无法确定基准面，则移动空间以距地面 0 m 的高度为基准面，在工位上站着进行视觉作业以距地面 0.8 m 的高度为基准面，坐着进行视觉作业以距地面 0.4 m 的高度为基准面。此外，推荐光照度的范围还要考虑使用者的视力和装修材料的材质反射率等，照明设计师需要在此范围内探讨最优方案。

表 1.2　室内作业时的推荐光照度及其范围

室内作业及活动的种类	推荐光照度（lx）	推荐光照度范围（lx）
基本浏览型工作、短暂访问	100	75 ~ 150
不经常使用的工作场所	150	100 ~ 200
浏览型工作、持续使用的工作房间	200	150 ~ 300
略浏览型工作	300	200 ~ 500
普通视觉工作	500	300 ~ 750
略精细的视觉工作	750	500 ~ 1000
精细的视觉工作	1000	750 ~ 1500

表 1.3 展示了人在室内的活动以及推荐光照度的标准。图中充分考虑了人在室内的活动轨迹，按行为及空间整理总结了推荐照度及其范围。

表 1.3　室内行为和推荐光照度的标准

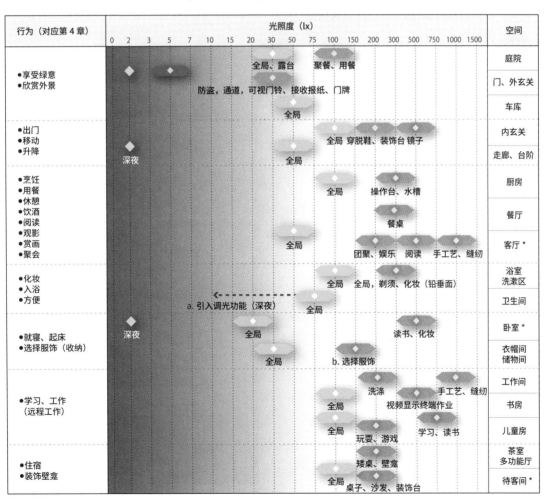

注：*a 和 b 为照明设计师提供方案时应注意的事项，即引入调光功能。

表 1.3 对应"第 4 章 充分发挥生活方式特点的分场景照明技巧"的内容。室内照明的设计要以全局光照度为基础，根据具体的行为加入局部照明，这是多灯分散照明的基本原则。考虑具体行为所需的照明而不是每个房间的照明，这是非常重要的。此外，人们对明亮度的评估是相对的（第 20 页图 1.18），且应考虑行动的连续性。根据空间的构成和人的行为，推荐光照度的标准如下：

（1）家人聚集的空间

客厅和餐厅是家人经常使用的空间，为了营造放松的氛围，可以不使用过高的全局光照度，设置在 30 ～ 75 lx 为宜。与此相结合设计的局部照明，进行的工作越精细，需要的光照度越高。其标准如下：

· 聚会、娱乐（包括浅阅读）：150 ～ 300 lx。
· 聚餐：200 ～ 500 lx。
· 阅读：300 ～ 750 lx。
· 制作手工艺品和缝纫：750 ～ 1500 lx。

（2）休闲空间

休息行为的全局光照度为 15 ～ 30 lx，而在卧室则如第 16 页图 1.12 所示，从调节生物钟和促进良好睡眠的角度来看，营造黑暗的环境对放松心情更有积极作用。阅读和化妆时，需要 300 ～ 750 lx 的局部照明。

（3）招待客人的空间

内玄关、待客间、客厅、茶室等都是招待客人的地方，光照度要比休闲空间稍高，全局光照度以 75 ～ 150 lx 为宜。此外，用于装饰的局部照明的光照度为 150 ～ 300 lx，照度的差值较小。

（4）需要视觉辅助的工作空间

厨房、浴室、儿童房和书房等是需要用眼的空间，全局光照度较高，在 75 ～ 150 lx 之间。与其搭配的局部光照也同客厅一样，进行的工作越精细，光照度越高。其标准如下：

· 洗涤和玩耍：150 ～ 300 lx。
· 操作台和水槽：200 ～ 500 lx。
· 视频显示终端（Visual Display Terminals，缩写为"VDT"）作业：300 ～ 750 lx。
· 学习和读书：500 ～ 1000 lx。

（5）移动空间

走廊和楼梯的全局光照度是 30 ～ 75 lx。走廊和楼梯不仅是人移动的场所，还有连接不同生活场景的作用，因此需要考虑光照度的连续变化。

此外，在夜晚走廊、楼梯和卧室也有不同的光照度标准。光照度的调整是为了抑制半夜去完洗手间后因光线过于明亮而影响入睡的情况。但是卫生间没有夜晚推荐光照度的标准，虽然如此，也需要考虑是否影响入睡的问题，因此需要考虑引入调光功能。表 1.3（表中 a）显示了引入调光功能时需要注意的光照度标准。

（6）收纳空间

衣帽间和储物间的全局光照度标准为 20 ～ 50 lx，其中衣帽间大多用于选择服饰，因此需要有能清晰分辨衣服颜色的光照度。表 1.2 中"不经常使用的工作场所"的推荐光照度是 100 ～ 200 lx，其注意事项列入表 1.3（表中 b）。

图 1.34 展示了客餐厨一体式空间的照明案例。利用吊顶的高度差设计了主照明，确保全局光照度。在厨房部分采用吸顶灯，餐桌上方采用吊灯，沙发周围则采用射灯组合，此外，还根据用户的生活习惯加入了局部照明。吸顶灯和射灯的颜色、形状相同，强调了统一的视觉感。

图 1.34 多灯分散照明的案例
（建筑设计、照片提供：SAI / MASAOKA 株式会社）

家居常用的灯具

　　根据建筑结构的不同，可在不同的位置安装不同的灯具。照明灯具本身的存在感小，它主要分为功能照明和装饰照明，前者强调照明效果（有些灯具与建筑呈一体化设计，本书中也称为"建筑化照明"），后者则强调装饰价值。

　　图 1.35 介绍了在建筑中常用的照明灯具。除了前面我们提到的功能照明、装饰照明外，还有室外专用照明。在室外专用照明中，除了草坪灯之外，还有室外用的筒灯、射灯、壁灯等种类。有的室内外兼用集成一体式 LED，可以同时适用于室内和室外。

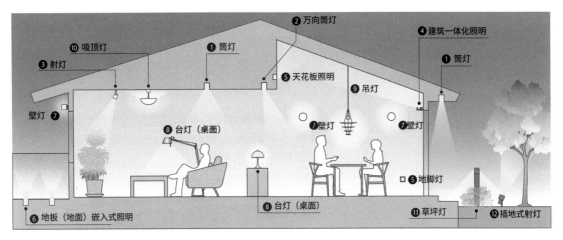

分类	灯具种类	灯具特点
建筑照明	❶ 筒灯	• 嵌入天花板中的灯具 • 明亮度（光通量）和颜色的种类丰富，价格便宜，易于安装
	❷ 万向筒灯	• 同筒灯一样，是嵌入天花板中的灯具 • 方向可以调整，因此像射灯一样可用于局部照明
	❸ 射灯	• 可以改变照射方向，可直接安装，或安装在轨道上 • 明亮度（光通量）和颜色的种类丰富，可用于室外
	❹ 建筑一体化照明	• 同室内装修一同设置的照明 • 多作为间接照明，灯身内置
	❺ 嵌入墙壁的照明 （地脚灯 / 天花板照明）	• 地脚灯一般嵌入墙壁下方，照亮底部 • 地脚灯的形状和种类丰富，也可用于室外 • 天花板照明一般嵌入墙壁上方，照亮屋顶
	❻ 地板（地面）嵌入式照明	• 嵌入地板或地面的照明 • 方向、光照范围可调整，种类丰富
装饰照明	❼ 壁灯	• 安装于墙壁上的照明器具 • 形状和配光种类丰富，也用于室外
	❽ 台灯（地板 / 桌面）	• 可使用插排的摆放式照明灯具 • 有放置于地面上的落地灯，放置于桌面上的台灯，种类丰富
	❾ 吊灯	• 从天花板垂吊下来的照明灯具 • 有直接安装或安装在轨道上的类型 • 其设计性、配光、大小种类较丰富 • 比吊灯体积还大，多用于装饰的叫作"枝形大吊灯"
	❿ 吸顶灯	• 直接安装在天花板的照明器具 • 可以用于房间的基础照明，大小种类丰富
室外	⓫ 草坪灯 ⓬ 插地式射灯	• 也叫"柱状灯"，形状和配光种类丰富 • 插地式的射灯，其安装位置可以改变

图 1.35　常用于建筑设计的照明灯具

如何导入多灯分散照明系统

第 28 页介绍了实践多灯分散照明方式的焦点照明和氛围照明。在本书中，为了方便参照基础照明和局部照明的光照度标准，以下将分为氛围照明的基础照明、功能照明的局部照明和装饰照明的重点照明 3 个部分来解说。实践多灯分散照明主要有以下几个关键点：

1. 选择照明器具的配光

表 1.4 按配光曲线介绍了灯具的照明效果。配光曲线（第 86 页图 3.1）显示的是灯具光线的传播方向与其发光强度之间的关系。铅垂面的配光曲线是全部光通量照射在作业面（照射面）时，直接照射的光和全部光通量的比。这意味着，即使是同一类型的照明灯具，照明效果也会因光线分布不同而不同。

因此，按光线分布而不是按类型来选择灯具是非常重要的。让我们来看一下各种配光的类型：

（1）直接型配光

由于大部分光线是向下照射的，桌面表面和地板表面很容易获得亮度，但如果这些颜色的反射率很低，天花板表面会显得很暗。

视线应避免直接接触光源，避免产生眩光。

发出漫射光的筒灯、吸顶灯和射灯可用于一般照明，或用于狭窄空间的局部照明。

直接型配光又可细分为广照型、深照型和斜射光型。本书后面介绍的建筑化照明也运用到了此配光分类，详细内容可见第 58 ~ 63 页。

表 1.4 主要照明器具的种类和照明效果示例（按配光类型分类）

配光类型	光通量比*	铅垂面光线分布	筒灯	射灯	壁灯	支架灯	吊灯	吸顶灯
直接型	90%~100%							
半直接型	60%~90%							
漫射型	40%~60%		—	—				
直接-间接型			—	其中一灯方向朝上时				
半间接型	10%~40%		—	—				
间接型	0~10%			方向朝上时			—	

注：照明器具的照片可参照图 2.9、图 2.12、图 2.24、图 2.50、图 2.58、图 2.61、图 2.66、图 2.67。

* 全部光通量照射在作业面（照射面）时，直接照射的光和全部光通量的比。

（2）半直接型配光

由于灯具自身发光，过于明亮会造成眩光。

吸顶灯可以用于一般照明，吊灯和支架灯可用于局部照明，支架灯还可用于重点照明。

由于以上照明有发光效果，过多使用会给人较为活跃热闹的感觉，但也可能造成视觉上的杂乱无序。

（3）漫射型配光

由于灯具整体发光，给人的第一印象是房间整体较为明亮。但由于光是向各个方向扩散的，与直接型或半直接型的配光灯具相比，漫射型配光灯具正下方的亮度稍暗，因此用于一般照明或重点照明。

同半直接型照明一样，灯具整体发光，具有一定的存在感，但过于明亮会导致眩光，因此过多使用会给人视觉上杂乱无序的感觉。

（4）直接－间接型配光

光通量比相当于漫射型配光，因为灯身本身不发光，光线由上下方射出，这样就可以用一个灯具同时达到直接照明和间接照明的效果。

吊灯和落地灯，既可以用于一般照明，也可以用于局部照明。

灯身本身不发光，不用担心产生眩光。

（5）半间接型配光

可照亮天花板的表面和墙壁，可用于一般照明。

向下照射的光线较少，不用担心产生眩光。

（6）间接型配光

可照亮天花板的表面和墙壁，如果采用反射率较高的材质的话，可以使空间更加明亮。可用于一般照明。

光源部不可见，因此不用担心产生眩光。

如上所述，根据配光的不同，搭配一般照明、局部照明和重点照明是实现多灯分散照明的第一步。图1.36介绍了不同照明灯具搭配时光线分布的差异。

A. 窗户上方内置了间接型配光的建筑化照明，室内采用了直接型配光的筒灯和射灯的组合

B. 此案例采用了直接型配光的吊灯和墙壁上向下照射的建筑化照明，以及间接型配光的倾斜天花板中向上照射的建筑化照明（第65页图2.40E）

C. 此案例中，餐厨区的筒灯、餐桌上的吊灯、通高空间的地脚灯和绿植的射灯都是直接型配光，通高空间墙壁上的照明则为建筑化照明和筒灯的组合

图1.36　各种配光的组合案例
（A. 建筑设计：O-WORKS 株式会社；摄影：松浦文生
B. 建筑设计：今村干建筑设计事务所；摄影：大川孔三
C. 建筑设计：LAND ART LABO 株式会社、Plansplus
株式会社；摄影：大川孔三）

2. 需注意的室内装修材料的颜色和质地

确定室内装修材料的颜色和质地是照明设计过程中的一个必要环节。这是因为照明效果会因室内装修材料的组合而大有不同。颜色的选择影响照明计算中的明亮度，而质地可以说是影响照明效果优劣的一个重要因素。在第3章所述的3D照明计算软件中，必须设置室内材料的反射率，否则无法确认照明效果。

光的反射现象不仅受颜色的反射率影响，而且还受材料质地（反射特性）的影响。图1.37显示了非透明材料的主要反射特性。图中的箭头代表了入射到材料上并从表面反射出来的光的强度（在某一方向上的光的强度）。

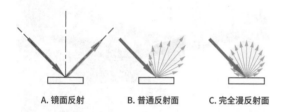

A. 镜面反射　　B. 普通反射面　　C. 完全漫反射面

图 1.37　反射特性的种类

镜面反射（图1.37A）是指光线的入射角和反射角角度相同，一般发生在镜子、玻璃、镜面金属和抛光的石材上。由于镜面材料在反射光角度以外不会发光，因此它们有时被用于制作无眩光的灯具，也被用作筒灯和射灯的反射镜。另外，如果地板表面做了抛光处理，建筑照明中被隐藏的地脚灯就会被反射出来，这一点需要注意（第117页图4.3）。

普通反射面（图1.37B）发生的光反射是镜面反射与漫反射的混合，经常出现在稍有光泽度的涂层上，比如瓷砖和水磨石。如果镜面反射效果比漫反射效果强的话，反射面就会映射出发光体，这一点需要注意。

完全漫反射（图1.37C）是指光线没有发生镜面反射，而是在各个方向上发生均匀漫反射。这种反射经常发生在墙壁、磨砂石材，以及类似踏脚垫等材质上。

建议事先确认室内装修材料的材质，如果没法确认时，可以参考表1.5中列举的室内常用装修材料的反射率。

表 1.5　主要装修材料的反射率

材料	反射率（%）
白色石膏	60～80
白色墙壁	60～80
浅色墙壁	50～60
深色墙壁	10～30
木材（白色木材）	40～60
木材（黄色清漆）	30～50
和式拉门纸	40～50
红砖	10～30
混凝土（材质）	25～40
白色瓷砖	60
榻榻米	30～40
油毡	15
白色油漆	60～80
浅色油漆	35～55
深色油漆	10～30
黑色油漆	5

如果材料的孟塞尔值是已知的，那么可以根据亮度值来假设反射率，如表1.6所示。孟塞尔颜色系统是通过色相、明度和饱和度这3种颜色属性来表示物体颜色的方法，是美国美术教育家和画家阿尔伯特·孟塞尔（Albert Munsell）于1905年发明的，如今在很多国家得到广泛应用。

表 1.6　明度和反射率的关系

明度	反射率（%）	明度	反射率（%）
10	100	6	29
9.5	88	5.5	24
9	77	5	19
8.5	67	4.5	15
8	58	4	12
7.5	49	3	6
7	42	2	3
6.5	35	1	1

图1.38比较了具有不同反射特性的不同材料的照明效果，图中是洗墙筒灯（相关介绍见第50页）照射墙壁的例子。在照明灯具位置、数量和配光数据相同的情况下，改变一面墙壁

A. 地垫等建材

反射率：80%；光泽度：0%

B. 有光泽建材

反射率：80%；光泽度：50%

C. 木材

反射率：40%；光泽度：0%

D. 砖块

反射率：10%；光泽度：0%

照度分布尺（3D 照明计算软件 DIALUX evo 9.2，维护系数 0.8）

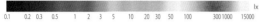

图 1.38　与室内建材相结合的照明效果的比较

的材料，用 3D 照明计算软件计算一下会发现：反射率越高，地板和天花板表面以及墙面的光照度就越高；越是光滑的材料，越容易产生映射。图 1.38A 和图 1.38B 的反射率相同，但图 1.38B 更光滑，因此其地板表面的光照度更高。图 1.38C 和图 1.38D 的反射率越低，地板表面的光照度就越低。因此可以看出，由于光线会反复反射，室内材料的反射率及反射特性会影响最终的照明效果。

3. 选择不产生眩光的灯具及其安装方法

　　正如第 19 页解释过的，眩光（过于耀眼）在住宅照明中是特别需要注意的。在照明设计中应在以下 4 个方面留心：

· 选择无眩光灯具。
· 灯具设计和配光的组合。
· 灵活使用间接型配光。
· 导入调光功能。

（1）选择无眩光灯具

　　LED 的光线具有很强的方向性，它往往会令人产生不舒服的耀眼的感觉（眩光），因此在选择灯具时需要注意。主要的直接照明灯具，如筒灯和射灯都有无眩光的产品类型，特别是筒灯的遮光角有一定的标准，如图 1.39 所示。

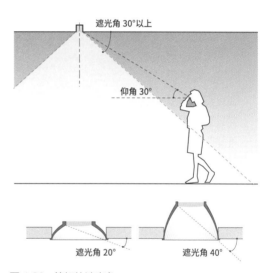

图 1.39　筒灯的遮光角

　　遮光角是指在水平方向上看不到灯具内发光部的角度，也叫"防眩光保护角"。发光部在灯具里越深，其遮光角越大，越可以防止产生眩光。一般来说，人的视线为水平方向时，看到上方物体的仰角在 30° 左右。因此，灯具的遮光角需大于 30°，且角度越大，防眩光的效果越好。

　　特别是使用筒灯的情况下，光线照射在灯罩内侧的圆锥体上（第 48 页图 2.11），灯罩的材质和颜色不同，防眩光的效果也有所不同。图 1.40 比较了不同筒灯内侧圆锥体的防眩光效果。

存在感强 ⟷ 防眩光效果强

白色内侧圆锥体　　镜面内侧圆锥体　　镜面内侧圆锥体　　黑色内侧圆锥体
　　　　　　　　　　（普通）　　　　　（防眩光）

图 1.40　不同筒灯防眩光效果的差异
（照片提供：远藤照明株式会社）

　　如图 1.40 所示，左边的内侧锥体部分越白，亮度越强，灯具的存在感越强。镜面或黑色的内侧圆锥体在灯亮时存在感很小，防眩光效果很好。但是白天不开灯时，看上去像一个黑洞，反而有些显眼。因此，如果是白天不需要开灯的住宅，用白色的灯筒看上去会更自然。

　　在人长时间停留的地方，如餐厅、客厅和卧室，选择灯具时需要优先考虑空间的整体感和防眩光效果。在安装时也要探讨怎样在人的正常视角内避免看到发光面。

（2）灯具设计和配光的组合

　　若能将灯具设计和光线分布很好地结合起来，便可以减少眩光。比如，在直接型配光的情况下，筒灯和射灯的开口直径小，发光部分在底部，其防眩光效果较好。

　　对于万向筒灯和射灯，有些型号可以选择安装遮光板和灯罩，从而遮盖发光部。图 1.41 介绍了遮光板和灯罩的主要类型。

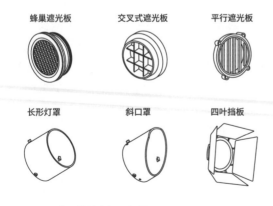

蜂巢遮光板　　　交叉式遮光板　　　平行遮光板

长形灯罩　　　　斜口罩　　　　　四叶挡板

图 1.41　主要的遮光板和灯罩

　　平行遮光板可以防止垂直于遮光板部分的光线产生眩光。交叉式遮光板和蜂巢遮光板可以防止多方向上的眩光。但遮光板越宽，间隔越窄，光的扩散性就越弱，会影响出光量。因此在照明设计中，需要同时考虑如何防止眩光和提供足够的光线，这一点非常重要。

　　灯罩如果纵向较长，如长形灯罩，我们看不到发光部，确实可以抑制眩光。但是同遮光板一样，这样会使光的扩散性变弱，这一点需要注意。如果只需调整某个方向的光源的话，可以采用斜口罩或者四叶挡板，方便根据使用场景进行调整。

　　悬挂在天花板上的吊灯也可能产生眩光，这取决于灯具设计和光线分布的组合。图 1.42 展示了不同配光类型的吊灯的照明效果。

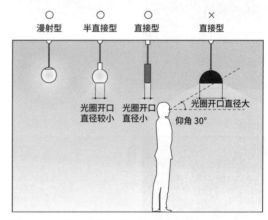

○　　　　　○　　　　　○　　　　　×
漫射型　　半直接型　　直接型　　直接型

光圈开口　　光圈开口　　光圈开口直径大
直径较小　　直径小
　　　　　　　　　　　仰角 30°

图 1.42　不同配光类型吊灯的照明效果差异

　　直接型配光和半直接型配光的吊灯需要注意的是，在光源的正下方容易与视线产生接触。光圈开口直径较大的灯具，在产品名册的照片上我们无法知道其是否配有遮光罩，因此需要确认灯具的产品说明。灯具的产品说明一般是记录产品形状、材质等商品具体规格的图纸，很多可以从照明厂商的主页上下载。第 45 页图 2.8 介绍了灯具的产品说明案例。

　　在看不见发光部的漫射型配光、光圈开口直径较小的半直接型配光，以及直接型配光这3 种情况下，由于人的正常视线看不到发光部，因此灯具可以安装在头顶不阻碍人移动的地方。

图 1.43 列举了两个安装实例，根据配光的不同，充分考虑了产生眩光的风险，灵活使用吊灯的造型，将其设置于不同高度。

A. 设置于空间上方，靠近天花板

B. 设置于餐桌上方

图 1.43　充分考虑眩光的吊灯设置
（A. 建筑设计：TKO-M archites；摄影：Archish Gallery Co., Ltd. 东京分社
B. 建筑设计：里山建筑研究所）

图 1.43A 中在餐厅和客厅设置了同样的吊灯，是使客餐厨空间具有整体感的设计。客厅本可以选择和餐厅同样的高度来设置吊灯，但为了不妨碍人的移动，客厅的设置位置较高。虽为直接型配光，却选用带有灯罩的灯具，这样即使悬挂在高处，人的视线也不会接触光源。

图 1.43B 中采用了防眩光设计的吊灯。这种设计可以使用户坐着时平视视线能看清对方的脸，从而提高用餐和闲谈时的和谐气氛。

吊灯使用的具体要点会在第 76 ～ 77 页详细说明。关于吊灯安装的建议高度在图 2.63（第 77 页）有详细图解。

（3）灵活使用间接型配光

间接型配光由于看不到光源部，因此不用担心产生眩光，推荐用于客餐厅和卧室等用户长时间停留的空间。图 1.43A 中使用的是间接型配光的建筑化照明，图 1.43B 中使用的是以间接型配光的壁灯作为基础照明，再与直接型配光的吊灯和局部照明相结合的设计。这种设计将间接型配光作为基础照明，可以产生多个视点，不用担心产生眩光。

（4）导入调光功能

调光功能的好处是，你不仅可以根据生活行为习惯来改变亮度，还可以根据自己的喜好调整亮度，而且将灯光调暗还可以防止眩光。

在第 29 页表 1.3 所示的人在房间中的活动和建议的照度标准中，建议在人长时间停留的客厅、接待室和客房都导入调光功能，让人可以根据需求进行调节。在卧室中导入调光功能也会有助于促进睡眠。此外，由于老年人的睡眠会变浅，深夜去卫生间的次数也会变多，在室内的照明设计中，将卫生间的照明导入调光功能也是非常关键的。

就 LED 照明而言，灯具的选择取决于它是否可以调光。此外，根据调光方式（第 203 页）的不同，会影响调光设备、电线和信号线费用，以及施工费用。是否导入调光功能，需要设计师和用户共同商讨，在设计前达成一致。

第 2 章

通过照明设计
增强空间体验感

第 1 节　照明设计的方法

☀ 室内照明设计中，设计师团队的意见统一非常重要

室内照明设计是照明设计师同建筑师和室内设计师的协同工作，需要多个回合的意见交换。对于住宅照明方案的讨论，不仅需要设计师的设计理念，还需要考虑用户的生活习惯。为了实现多灯分散照明，本章会对照明设计的基本内容和照明灯具的选择方法进行说明。

室内照明设计的流程

图 2.1 介绍了关于建筑的室内照明设计及施工的基本流程。图中灰色为室内设计师或施工者负责的部分，黄色为照明设计师负责的部分。室内设计师将听取住户的需求，制作并共享室内照明设计方案（案例照片、3D 照明计算结果）。

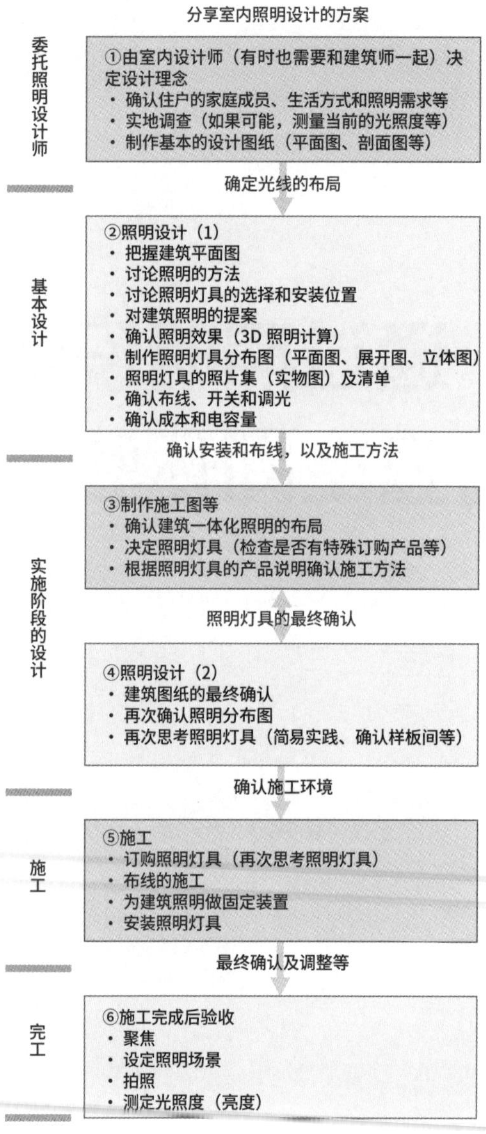

大概在确定初步设计方案后，照明设计师就可以同室内设计师进行沟通，并加入基本设计阶段的工作中来了。照明设计师加入基本设计阶段，有利于同室内设计师就建筑照明（第58 页图 2.30）的造价费、施工费（除灯具本身的费用外）等进行有效沟通。当由于调整施工费而导致住宅及室内设计变更的时候，可按照图中步骤③～⑤反复进行调整。特别是室内装修材料的颜色（影响反射率）、材质（影响反射特性）的变更会影响照明效果，因此，需要对照明方案进行再次验证，以及根据样品进行光照实验等。此外，还有一点非常重要的是，在前期的沟通中需要向室内设计师传达室内装修材料的变更会影响照明效果。

此外还需要时刻关注厂家发售商品的情况，因为可能会出现产品已经停产或者商品编号变更的情况，在初期设计方案确定后，购买施工建材时这种事会时常发生，随时关注并更改能缩短从订货到施工的时间。有时由于无法确保库存，也时常发生在施工阶段不得不重新选定材料的事情。

像射灯、万向吸顶灯等可以改变光照方向的照明灯具，需要"聚焦"，即调整光照角度。在调光时，可以根据需要向用户进行使用场景的模拟，必要时可给予一定建议。

由于家具一般都是等室内装修结束后才搬入，很多时候无法根据具体的使用场景拍摄完工照片，以及对光照强度和亮度进行测定。有条件的话，建议和最初的灯光设计方案进行比较验证。

分享室内照明设计的方案

委托照明设计师
①由室内设计师（有时也需要和建筑师一起）决定设计理念
· 确认住户的家庭成员、生活方式和照明需求等
· 实地调查（如果可能，测量当前的光照度等）
· 制作基本的设计图纸（平面图、剖面图等）

确定光线的布局

基本设计
②照明设计（1）
· 把握建筑平面图
· 讨论照明的方法
· 讨论照明灯具的选择和安装位置
· 对建筑照明的提案
· 确认照明效果（3D 照明计算）
· 制作照明灯具分布图（平面图、展开图、立体图）
· 照明灯具的照片集（实物图）及清单
· 确认布线、开关和调光
· 确认成本和电容量

确认安装和布线，以及施工方法

实施阶段的设计
③制作施工图等
· 确认建筑一体化照明的布局
· 决定照明灯具（检查是否有特殊订购产品等）
· 根据照明灯具的产品说明确认施工方法

照明灯具的最终确认

④照明设计（2）
· 建筑图纸的最终确认
· 再次确认照明分布图
· 再次思考照明灯具（简易实践、确认样板间等）

确认施工环境

施工
⑤施工
· 订购照明灯具（再次思考照明灯具）
· 布线的施工
· 为建筑照明做固定装置
· 安装照明灯具

最终确认及调整等

完工
⑥施工完成后验收
· 聚焦
· 设定照明场景
· 拍照
· 测定光照度（亮度）

图 2.1　照明设计的流程

如何把握空间的"明亮感"

照明设计师在表现空间的明亮度时，经常会使用"光感"这个词。第 29 页表 1.3 中，介绍了想要进行某项工作时工作台的推荐光照度的参考标准，光感则是描述空间整体给人的明亮感觉，属于光的亮度范围。

如第 10 页图 1.2 所示，亮度为光进入人眼中的亮度，与室内装修材料的颜色（影响反射率）有很大关系。由于用亮度描述铅垂面（如墙壁）的光照面积比用光照度描述水平面（如地面及桌面）的光照面积更大，因此本书将分别用光亮（即用光照度描述水平面的明亮度）和光感（用亮度描述铅垂面的明亮度）来进行说明。

光照度通过光照度测量仪等专业测量仪器测量，亮度通过亮度测量仪等专业测量仪器测量，每个测量点都会用光照度测量仪和亮度测量仪进行测量。图 2.2 显示了用光照度测量仪测定时的场景。在测量时要注意避免测量者的身影影响测量结果。

图 2.2　使用测量仪测量地面光照度

对于亮度，除了用亮度测量仪测量外，还可以采用亮度评估图像这一方法进行测定。所谓亮度评估图像，即对照片进行光源解析，显示亮度分布的图像。通过使用电荷耦合元件（Charge-coupled Device，缩写为"CCD"，也可称为"CCD 图像传感器"）照相机及专业的解析软件，便可获得如图 2.3 的图像，此图像为对地下通道进行解析获得的亮度评估结果。

第 20 页已经介绍过，人对光亮的感受度有一条韦伯 - 费希纳定律，因此亮度评估图像的测定结果一般会采用指数进行换算。通过测量

A. 地面平均光照度为 400 lx　　B. 地面平均光照度为 200 lx

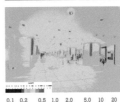

0.1　0.2　0.5　1.0　2.0　5.0　10　20　50　100　200　500 1000 2000　5000 10000 cd/㎡

图 2.3　图像亮度的测定案例

地面的光照度和亮度评估图像这两个手段，我们可以知道地面的光亮度。

图 2.3A 中道路的每个立柱墙面都反射了垂直的管状照明的灯光，顶部和地面的光亮度大致相同。但如果没有立柱进行反光的话，我们很难辨认出这幅图中的地点是地下通道。整体来看，图 2.3B 的道路比图 2.3A 昏暗一些，但由于有顶灯这种间接照明设备，我们可以识别出这条道路一直向内部延伸。从移动的视角来看，图 2.3B 有对行人起指引道路的作用。因此通过亮度评估图像的对比，我们可以清楚地知道两者的差异。

现在已开发出来基于智能手机的光照度和亮度测量的应用软件。图 2.4 便是采用智能手机上的软件测定的简易亮度评估图像。

图 2.4　利用手机上的应用软件测定的亮度评估图像
　　注：QUAPIX Lite 岩崎电气开发手机或平板电脑使用的光照度、亮度测量软件。

有研究表明，由于天花板、墙壁和地面的明度及反射率不同，其组合会使空间整体给人不同的印象[1]。因此，现在有研究将构成室内

[1]　[日] 猪村彰 . 乾正雄 . 室内明亮感和宽敞感 . 日本建筑学会 1977 年度全国大会学术演讲梗概集 设计系 52：187-188.

空间的天花板、墙壁和地面按照横向视点分为3个级别，来综合评价空间的明亮感。

图2.5的纵轴为稳定—不稳定，横轴为开放—狭小封闭，通过这两个尺度来评价空间给人的感觉。

图2.5A相同，因此也给人比较稳定的感觉。图2.5C是在瑞典基律纳的冰雪酒店前拍摄的照片，此酒店只在冬季营业。放眼望去一片银色世界，同左侧图2.5中的b一样，虽然给人较开阔的感觉，但并不稳定。

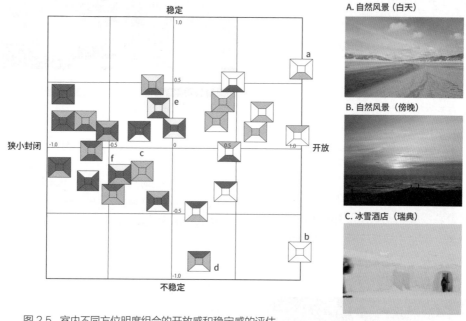

图2.5 室内不同方位明度组合的开放感和稳定感的评估

如图2.5所示，墙壁和地板的明度越低，给人感觉空间越狭小封闭。而天花板的明度越高，就感觉空间越开放。当地面的明度较低，而天花板和墙壁的明度较高时，给人的感觉既开放又稳定，这种组合常用于室内设计中。

另外图2.5中的a与右侧图2.5A白天的自然风景相似，地面稍暗，天空晴朗，给人开阔且稳定的感觉。图2.5B是傍晚的自然风景，虽然整体明度较低，但是在明亮感的平衡上和

可以看出，空间上的明度组合，如果和我们日常生活中常见的自然景观相类似的话，我们会感觉较为稳定，而非日常景观的话，则会感觉不稳定。然而这并不意味着所有开放且稳定的空间就是好的，有时较狭小封闭的空间能使人内心平静，于是看似不稳定的空间反而给人带来非同一般的愉悦体验。

图2.6中的A～F分别对应图2.5中的a～f。

A. 墙壁和天花板的明度较高，地板的明度略低

B. 地板、墙壁和天花板的明度都很高

C. 地板、墙壁和天花板的明度都略低

D. 天花板的明度低，地板明度高，墙壁明度略低

E. 天花板和地板的明度很低，而墙壁的明度较高

F. 天花板的明度很高，地板明度略低，墙壁明度很低

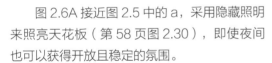

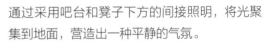

图 2.6　与开放性和稳定性评估相对应的照明效果实例
（A. 建筑设计及图片提供：SAI / MASAOKA 株式会社
B. 建筑设计：O-WORKS 株式会社；摄影：松浦文生
C. 建筑设计：Environment Design Atelier；摄影：细野仁
D. 室内装修设计及图片提供：Kusukusu Inc.
E. 建筑设计：LAND ART LABO 株式会社、Plansplus 株式会社；摄影：大川孔三
F. 建筑设计：今村干建筑设计事务所、东出明建筑设计事务所；摄影：金子俊男）

图 2.6A 接近图 2.5 中的 a，采用隐藏照明来照亮天花板（第 58 页图 2.30），即使夜间也可以获得开放且稳定的氛围。

图 2.6B 接近图 2.5 中的 b，是一个特别开放的空间。由于这是一个舞蹈教室，因此在设计时尽可能使上下通透。照明采用天花板吸顶灯和墙壁间接照明的组合，以建筑照明的形式实现了开阔的空间感。

在图 2.6C 中，由于多采用木材来做内部装修，因此室内的反射率较低。为了让视觉上获得明亮的效果，在窗边利用窗帘收纳的位置布置了照明，并搭配使用筒灯来确保整体光照度，局部照明则采用了射灯。

图 2.6D 中天花板的反射率很低，而地板的反射率很高，容易给人不稳定的印象。于是通过采用吧台和凳子下方的间接照明，将光聚集到地面，营造出一种平静的气氛。

图 2.6E 的天花板和地板的反射率很低，没有特意追求开放感，而是采用筒灯和落地灯组合，将光线聚集到沙发处，营造出一种较为休闲的氛围。

图 2.6F 中墙壁的反射率很低，容易给人封闭狭小的印象。通过天花板上的间接照明来提亮室内环境，从而缓解了这种感觉。此外，屋顶还内置了万向筒灯，提高了桌面的亮度。

通过将室内装修材料的明度和照明手法相结合，很大程度上改善了空间给人的感觉。在照明设计这一环节，室内设计师、建筑师和居住者最好能提前了解一下室内装修材料的明度，这样做出来的设计会对室内环境有很大帮助。

第2节　灯具的选择方法

💡 灯具的种类和特征

第31页图1.35中我们介绍了室内常用的照明灯具，由于灯具的设计、材质和颜色种类都非常丰富，往往会让人有些难于选择。

要想使用多灯分散的照明方式，就需要考虑配合什么样的照明手法。我们会在第4章详细说明如何根据人的行为习惯来匹配照明手法，在此之前，我们需要了解照明灯具的种类和特征，这是之后讨论照明手法时的一个重要环节。

基于灯具存在感的分类

当提到灯具时，你是否会一下子想起吊灯或筒灯？如果根据灯具本身的外观和性能进行分类的话，可以大致分为功能照明和装饰照明。

功能照明是根据灯具的照明效果来分类的，包括筒灯、射灯、建筑内置灯具和地面嵌入式灯具。这些灯具自身的存在感较小，却可以突显被照物体，因此经常与建筑和室内一体化设计。

装饰照明是指除了功能，也很看重灯具的造型的照明，包括枝形大吊灯、悬吊灯、支架灯和台灯等。这些灯具不仅可以提供光亮，它们本身也是建筑和室内设计的一部分。

图2.7中介绍了以建筑照明为主的餐厅（图2.7A）和以装饰照明为主的餐厅（图2.7B）。

在图2.7A的餐厅中，为了使窗边的窗帘更加柔和，充分发挥功能照明的效果，有意避免使用装饰照明。图中采用空间整体照明和照亮餐桌的局部照明，其中局部照明固定在天花板上，用射灯调整光线分布和颜色，使两者相得益彰。

图2.7B的餐厅通过随机安排小吊灯的高度和位置，在空间中营造出了类似枝形大吊灯的效果。安装在天花板上的射灯成为照亮桌子的局部照明，确保了进餐需要的光线。

如果装饰照明是由玻璃或亚克力等具有发光感的材质制成的话，那么它的存在感会更强。在使用这种材料的装饰照明时，需要同功能照明相配合，在确保有足够光线的同时，减少灯具的存在感，这也是照明设计的关键。

A. 以功能照明为主的餐厅

B. 以装饰照明为主的餐厅

图2.7　照明灯具的存在感

　　（A. 室内装修：今村干建筑设计事务所
　　B. 室内装修及图片提供：Kusukusu Inc.）

产品名录的使用方法

通常我们会查阅照明厂商的产品名录来选择照明灯具，产品名录上不仅有灯具的照片，还有其他详细信息。产品名录也可以在网络上阅览，不仅要搜索产品编号，还需要确认产品名录里没有记载的配光数据、灯具的产品规格图（图2.8）和使用说明等。

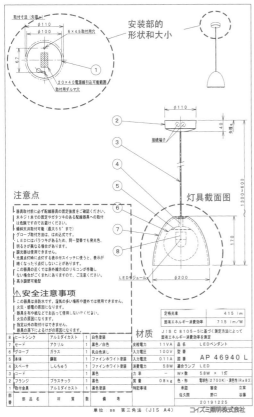

图2.8 吊灯的规格图案例
（图像提供：小泉照明株式会社）

图2.9是作为装饰照明的吊灯（图2.9A）和作为功能照明的筒灯（图2.9B）的产品名录。我们将介绍哪些是需要确认的信息。

（1）设计性

通常情况下，我们都是通过图片来确认灯具的设计性，而其形状、大小、质地和颜色的说明也是非常重要的。但是由于产品名录上的图片都是单方向拍摄的，我们无法知道从其他角度看灯具的效果。这时就需要确认灯具的规格图，规格

图上不仅记载了灯具的材质和形状，还记录了使用时的注意事项等。图2.8中介绍了图2.9A的规格图。单从产品名录的图片，我们无法确认从下往上看光源处的情况，但通过规格图，我们可以知道光源处由乳白色的玻璃笼罩。

（2）光源的规格

光源的规格一般分为灯具一体式、LED模块可替换式和LED球泡灯。我们通常认为LED的寿命很长，可以不用维护，实际上LED是需要维护管理的。不仅是光源的寿命，根据其类型，灯具一体式还是LED模块可替换式也会和将来的维护息息相关。LED球泡灯的选择方法会在第196~200页进行详细说明。

光色、额定光通量和显色性都和照明效果有关。光色影响着室内氛围，而光通量则是考虑明亮度的基本指标。

额定光通量（单位：lm，流明）表示灯具发出的光的量。简单地提及"光通量"，往往表示光源的光通量，而灯具发出的光的量叫作"灯具的光通量"。额定光通量与灯具光通量相当，可用计算平均光照度的公式来计算（具体计算过程见第88页）：

·光源与灯具：灯具光通量＝光源光通量×灯具效率
·灯具一体式照明：灯具光通量＝额定光通量

平均显色指数 R_a 是反映颜色视觉效果的概念，在第14页有所介绍。现在LED的显色性越来越高，食物或皮肤等颜色的外观很重要，因此一般选择高显色性的灯具。

普通LED的显色指数 R_a 为80左右，而高显色性LED的 R_a 则为90或更高。

（3）节能和效率

灯具的耗电量越低，节约的电费越多。从节能的角度来看，可以用LED灯具的额定光通量（lm）除以额定功率（W）得到一个数值。这个数值叫作"基本能耗"，这个值越高，灯具的效率越高。

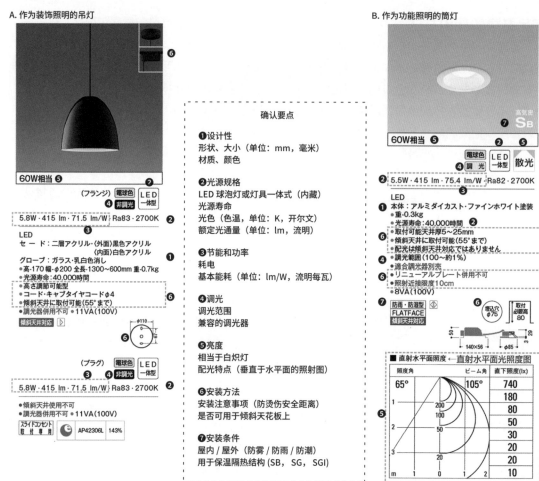

图 2.9　评估灯具性能的要点
（图片提供：小泉照明株式会社）

（4）调光

　　确认是否可以调光。如果显示"不可调光"，即无法调光。如果显示"可以调光"，同样会记载兼容的调光开关。照明厂商一般会推荐同自己产品相兼容的自家生产的调光开关。

（5）亮度

　　亮度通常不仅可以用额定光通量来表示，还可以换算成传统白炽灯的功率（W）来表示。对于功能照明，如图 2.9B，确认直射水平面光照度图很重要。直射水平面光照度图是检查功能照明灯具性能的重要数据，这在第 3 章第 87 ~ 88 页有详细说明。

（6）安装方法

　　安装时的注意事项，需要事先确认。图 2.9A 吊灯有两种安装方法：凸缘式安装（直接安装）和插座式安装（用于照明轨道）。需要注意的是，前者可以安装在倾斜的天花板上，而后者不能，安装方法因安装条件不同而不同。

　　安全距离是指从灯具到被照面的限制距离。这是照明厂商基于温度试验的结果，并考虑用户的使用安全而明确的安全距离，请务必注意。

（7）安装条件

　　关于安装在室内还是室外，在下一页有详细说明。"高气密性 SB"一般表示此灯具采用了施工用的绝缘材料（相关介绍见第 49 页），常在筒灯或地脚灯等内嵌于室内装修材料中的灯具上标注。对于筒灯的施工用绝缘材料的说明，在表 2.3（第 50 页）有详细说明。

基于灯具使用条件的分类

由于照明灯具是电气产品，若在室外使用室内灯具，一旦雨水等进入电气部件发生漏电等情况，会引起火灾，后果非常危险。因此根据使用条件来选择灯具非常重要。同防水性相关的照明灯具有防雾型、防雨型、防潮型、防浸泡型和水下型 5 种类型。图 2.10 显示了每种类型的使用位置。

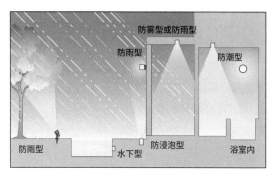

图 2.10　与防水性有关的不同灯具的使用位置

防雾型可用于室外的屋檐下或其他不直接淋雨的地方，但不能直接暴露于雨天。作为照明灯具，有可以安装在屋檐下的筒灯，或者作为间接照明的 LED 轨道灯等。

防雨型可用于直接淋雨的地方，但是不能用于水中或者湿气极重的浴室等。如果在浴室使用，应使用防潮型。有时即使是防潮型，也会区分是用于住宅的还是用于公共浴室的，比如有些用于住宅的防潮型灯具，却不能用于公共浴室这种长时间潮湿的地方。

防浸泡型用于暂时性被水浸泡的情况，但不能用于始终浸泡在水中或者潮气很重的地方。而水下型可以长时间在水中使用。

这 5 种类型一般都会在照明厂商的产品名录上标注，在其记录的场所中使用，可确保安全。

灯具的密封性可以通过防护等级（Ingress Protection，缩写为"IP"）数值读取其类型。例如，如果是"IP65"，第一个数字"6"表示第一个特性，即防尘等级是 6 级，第二个数字"5"则表示第二个特性，即防水等级是 5 级。这是由国际电工委员会（International Electrotechnical Commission，缩写为"IEC"）制定的标准，其 IP 数值的等级与分类如表 2.1 所示。

表 2.1　IP 数值的等级与分类

数字	第一特性：防尘等级
0	无防护
1	防止直径 ≥ 50 mm 的固体侵入
2	防止直径 ≥ 12.5 mm 的固体侵入
3	防止直径 ≥ 2.5 mm 的固体侵入
4	防止直径 ≥ 1 mm 的固体侵入
5	防止有损产品的灰尘入侵（防尘型）
6	完全防止灰尘入侵（耐尘型）

数字	第二特性：防水等级	分类
0	无保护	—
1	防止垂直滴下之水滴	防雾 1 型
3	可承受与垂直入夹角小于 60° 的降雨	防雨型
4	可承受任何角度的飞溅而来的水	防飞溅水型
5	可承受任何角度的直接喷射而来的水	防喷射水型
7	在规定的条件下即使浸入水中，内部也不会进水	防浸泡型
8	在规定的一定压力条件下，即使常置于水中也可以正常使用	水下型

如果是防雨型且要朝上安装时，为防止出现倾盆大雨淹没灯具的情况，应使用至少为 IP67 的类型。此外，有些类型的灯具不可直接暴露在阳光下。比如，如果灯具的制作材料是树脂，若受紫外线照射，容易受损。因此应事先检查灯具的规格图和制造商提供的使用说明，这一点是很重要的。

集成一体式 LED 筒灯有很多室内使用的防雨型、防雨型及防潮型兼用灯具，价格便宜，且种类丰富。如果是用玻璃将室内室外分开，采用同样的筒灯，不仅在设计审美上统一，在照明效果上也有整体感。

使用 LED 球泡灯，必须注意确认其密闭性（第 199 页）。例如，在浴室使用的壁灯，要求球泡构造密闭性高，且湿气难以侵入，因此应使用密封的 LED 球泡灯。

第 3 节　功能照明

🔆 功能照明的分类和特征

为了实现多灯分散照明，理解照明灯具非常重要。第 2 节介绍了照明灯具可分为功能照明和装饰照明两个类型。其中功能照明，又叫"建筑化照明"，分为筒灯、射灯、建筑内置灯具和地面嵌入式灯具（如地脚灯、埋地灯）等。接下来我们来介绍一下这些灯具的特征和使用方法，以及使用案例。

筒灯

灯具的灯身几乎全部内置于天花板上的灯，我们称为"筒灯"。因此，它的照明光线一律朝下，也是直接型配光的主力。这种安装方式能让空间显得整洁，而且筒灯在室内使用较多，有很多价格便宜的产品，也是照明灯具中品种和类型最为丰富的产品。

根据光源的特点，LED 照明可以大致分为集成一体式 LED 和 LED 球泡灯。图 2.11 比较了筒灯的构造。在室内我们只能看到筒灯面环的圆框和圆锥体部分，灯具的内在构造和电源装置内置于天花板中。

A. 集成一体式 LED

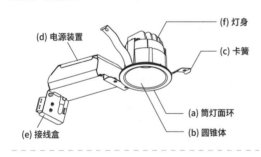

B. LED 球泡灯

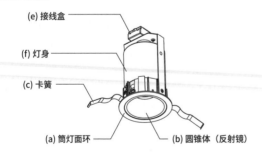

图 2.11　筒灯的构造

筒灯的安装方法是：在天花板的指定位置开口，将筒灯面环（a）和卡簧（c）固定在天花板上。筒灯面环不仅有白色，还有银色、黑色、木色等，种类丰富，可根据天花板的颜色进行选择。筒灯面环和圆锥体（b）的组合还会影响防眩光的效果（第 36 页图 1.40）。

集成一体式 LED 和 LED 球泡灯之间的主要区别在于是否有电源装置（d），即 LED 点灯时，将交流电转换为直流电的设备。由于集成一体式 LED 的灯具和电源装置一般需要 1 ∶ 1 的比例，因此其安装所需的内嵌深度不仅取决于筒灯的尺寸，还需要确认电源是否能以同样的开口直径倾斜放入。而 LED 球泡灯的电源内置于灯身内，因此不需要另置电源装置。

集成一体式 LED 由 LED 模块控制配光，而 LED 球泡灯的圆锥体（b）同时也是反射镜，具有控制配光的作用。

照明厂商的产品名录中，可根据开口直径、明亮度（光通量）、光色（色温）、使用条件（防雨、防潮等）的分类进行选择。通常开口直径越大，光通量也越大，但是由于 LED 越来越高效化，其产品体积在不断缩小。

1. 形状种类

图 2.12 显示了筒灯的几种主要形状。除了常见的圆形外，还有方形、被称为"组合筒灯"的多灯型、发光部较小的针孔型，以及面环和下方灯罩由亚克力材质或玻璃材质制成的可照亮天花板平面的装饰型。此外，如果不能将灯嵌入天花板内，吸顶灯可以直接安装于天花板上，其照明效果和筒灯的效果相似（第 79 页图 2.67）。

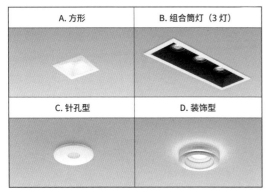

A. 方形	B. 组合筒灯（3 灯）

C. 针孔型	D. 装饰型

图 2.12　筒灯的形状分类
（图片提供：小泉照明株式会社）

装饰型筒灯属于半直接型配光。如果你想在照镜子时光线更加柔和，或者想通过照亮天花板来营造特殊氛围，便可以使用装饰型筒灯。图 2.13 是装饰型筒灯的使用案例，是一家酒店的大堂。

图 2.13　装饰型筒灯的使用案例
（建筑设计：今村干建设计事务所、东出明建筑设计事务所；摄影：金子俊男）

圆柱形的乳白色灯罩使人难以直接看到光源，降低了产生眩光的风险。此外，灯具的安装配合了天花板的装修效果，不仅可以体现灯具本身的效果，还能体现灯具和天花板的整体感，营造出热闹的气氛。

由于 LED 灯具不断高效化，体积逐渐缩小，且机身向浅而薄的方向发展，甚至可以安装在只有几十毫米的板材上用于柜体层架照明，这时电源装置需要相隔一定距离进行安装。有的 LED 类型，一个电源装置可以对应多个灯具。图 2.14 就显示了多个橱柜灯使用一个电源装置供电的情况。

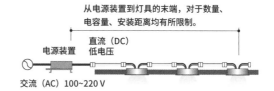

从电源装置到灯具的末端，对于数量、电容量、安装距离均有所限制。

直流（DC）
低电压

电源装置

交流（AC）100~220 V

图 2.14　橱柜灯的安装示意图

2. 按隔热保温材料分类

在选择筒灯等嵌入式灯具时，有无隔热保温材料对选择有很大影响。如果在天花板上安装了保温层，应根据施工方法选择用于隔热保温的筒灯，根据住房类型、施工方法和施工范围，各个区域应达到热阻值的基准线。热阻值 R（单位：$m^2 \cdot K/W$）表示热量散发的难易程度，数值越高，热量传递越少，保温性能就越好。表 2.2 介绍了隔热保温材料的热阻值标准。

表 2.2　隔热保温材料的热阻值标准

住宅种类	施工方法	施工范围	热阻值（$m^2 \cdot K/W$）
钢筋混凝土结构、砌体结构	内保温隔热法	屋顶或天花板	2.5 ~ 3.6
	外保温隔热法	屋顶或天花板	2.0 ~ 3.0
木结构	填充保温隔热层法	屋顶	4.6 ~ 6.6
		天花板	4.0 ~ 5.7
框组壁工法结构	填充保温隔热层法	屋顶	4.6 ~ 6.6
		天花板	4.0 ~ 5.7
木造框组壁工法结构、钢结构	外贴保温隔热法	屋顶或天花板	4.0 ~ 5.7

一般来说，支持保温层安装的筒灯为 S 型，不支持的一般筒灯为 M 型。隔热保温材料的施工方法主要有两种：在寒冷地区常见为密封法及垫层法。在选择 S 型筒灯时需要考虑地域的影响，地域偏南，热阻值会偏小。如表 2.3 所示，筒灯根据保温方式可分为 3 种类型：SB 型、SGI 型和 SG 型。SB 型筒灯在施工上可以采用密封法或垫层法，而 SG 型或 SGI 型筒灯只能使用垫层法。

表 2.3　隔热保温材料的施工和筒灯的种类

建筑（住宅）的保温隔热工艺		LED 筒灯			
		支持保温层安装型			一般型
		SB 型	SGI 型	SG 型	M 型
密封法	热阻值为 6.6 m²·K/W 以下的隔热保温材料施工（密封材料）	○	×	×	×
垫层法	热阻值为 4.6~6.6 m²·K/W 的隔热保温材料施工（隔热保温材料）	○	○	×	×
	热阻值为 4.6 m²·K/W 以下的隔热保温材料施工（隔热保温材料）	○	○	○	×
普通天花板	没有隔热保温材料（散热孔）	○	○	○	○

靠北的地域可以使用 SB 型和 SGI 型筒灯。如果使用高性能发光材料的高气密性筒灯，不仅可以起到隔热作用，还可以防止声音向天花板扩散，具有隔声的效果。

M 型筒灯的构造可以让热量通过散热孔或其他方式扩散到天花板，因此如果天花板铺设了隔热材料，灯具就无法散热，会造成灯具寿命减少和不亮的问题，甚至还可能引起火灾。

如图 2.15 所示，如果在做了隔热保温施工的天花板中安装 M 型筒灯，就不要在筒灯灯身和电源装置周围安装隔热材料，要留有足够的散热空间。因此，确认灯具厂商提供的产品规格图和使用说明，从而确定适用空间是非常重要的。

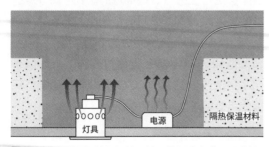

图 2.15　在做了隔热保温施工的天花板中安装 M 型筒灯的做法

3. 照明效果选择

在灯具厂商的目录中，筒灯按照明效果可分为 3 类：基础筒灯、洗墙筒灯和万向筒灯。图 2.16 比较了这 3 类筒灯各个截面和光输出的差异。

图 2.16　不同照明效果的筒灯类型

基础筒灯，顾名思义，通常作为普通照明使用，提供基础照明，水平安装光源部分，光线直接向下照射。

洗墙筒灯的光源是倾斜的，可以使光线更容易照射到墙上。由于其照明效果是光线可以如同水流过墙壁一样均匀分布，因此叫作"洗墙筒灯"。

万向筒灯的特点是光源方向可以调整，因此一些厂商也称之为"可调节式筒灯"。

使用 3D 照明计算软件对这 3 类筒灯的照明效果进行比较，结果见图 2.17。在相同的空间（宽度：2.7 m；深度：3.6 m；高度：2.5 m）、反射率和灯具安装条件下，灯具安装在离侧面墙 0.9 m 处，每隔 0.9 m 安装一盏，一共安装 4 盏。图中黄色部分为各个筒灯的配光数据。

基础筒灯（图 2.17A）不能调节角度，所以最亮的光线在灯具的正下方。如果用于一般照明的话，选择漫射光型较好；如果用于桌面的局部照明的话，选择聚光型比较好。

洗墙筒灯（图 2.17B）一般通过保持与墙面的距离，以及灯具等距离安装的方法，使光线均匀地照射在墙面上。与基础筒灯的照明效果相比，洗墙筒灯照射下的墙面上方更亮，而且地面也能被照亮。当室内有大型装饰物挂在墙上时，或者想强调空间的宽广度时，也可以使用这种洗墙筒灯。

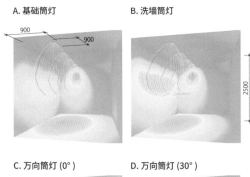

A. 基础筒灯　　　B. 洗墙筒灯

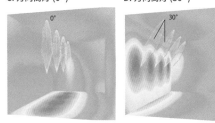

C. 万向筒灯（0°）　　D. 万向筒灯（30°）

照度分布表（照明计算软件 DIALUX evo 9.2，维护系数 0.8）

0.1　0.2 0.3　0.5　1　2　3　5　10　20 30　50　100　300 1000 15000　lx

【尺寸】宽度：2.7 m；深度：3.6 m；高度：2.5 m
【反射率】天花板：70%；墙面：50%；地板：20%

图 2.17　不同类型筒灯的照明效果

万向筒灯（图 2.17C 和图 2.17D）的特点是能够改变照明方向。图中比较了相同的光线分布在正下方（图 2.17C）和与墙壁夹角 30°（图 2.17D）时的照明效果。可以看出，改变同一灯具的光线方向，就可以改变空间的明亮度。万向筒灯通常用于局部照明，使被照物体突出。由于其照明方向可以改变，光线的扩散类型以集光型为主，因此可以使空间感更加鲜明。

当光线向下直接照射时（图 2.17C），光线的扩散范围小，因此正下方的区域更亮，而墙壁较暗。当光线斜射向墙壁时（图 2.17D），其光照度比洗墙筒灯还高，但是天花板附近的墙壁会变暗。也就是说，如果想使墙壁光线均匀分布，采用洗墙筒灯较好；若想突显挂画或装饰物的话，可以使用万向筒灯。总之，需要根据光线分布的特点进行选择。

4. 安装要点

（1）倾斜天花板

图 2.9（第 46 页）筒灯 B 的产品名录中指出，此产品可以安装在倾斜的天花板上，但对

光线分布无调整。一般来说，在产品名录中都会记载此产品是否可以安装在倾斜的天花板上，如果可以，也会列出可安装的倾斜角度。

既然灯具可以安装在倾斜的天花板上，那么"对光线分布无调整"是什么意思呢？我们使用图 2.17 中相同灯具的配光数据进行 3D 照明计算，其结果如图 2.18 所示。4 张分图的空间大小、反射率和灯具间隔均相同，天花板的倾斜角度大约为 20°。

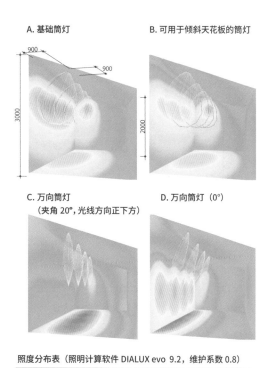

A. 基础筒灯　　　B. 可用于倾斜天花板的筒灯

C. 万向筒灯　　　D. 万向筒灯（0°）
（夹角 20°，光线方向正下方）

照度分布表（照明计算软件 DIALUX evo 9.2，维护系数 0.8）

0.1　0.2 0.3　0.5　1　2　3　5　10　20 30　50　100　300 1000 15000　lx

【尺寸】宽度：2.7 m；深度：3.6 m；高度：2～3 m
【反射率】天花板：70%；墙面：50%；地板：20%

图 2.18　不同类型的筒灯的照明效果（用于倾斜天花板）

使用基础筒灯（图 2.18A），按照天花板的倾斜角度光线照射在墙上，形成了类似于图 2.17 中洗墙筒灯的照明效果。而可用于天花板倾斜的筒灯（图 2.18B），其照明方向几乎是正下方，类似于图 2.17 中基础筒灯的照明效果。可见，如果是倾斜天花板，使用基础筒灯的话，墙壁会更亮，使用可安装于倾斜墙壁的筒灯的话，正下方会更亮一些。

对于万向筒灯（图2.18C和图2.18D），其照明方向可以调整，从而配合天花板的倾斜角度调整光线方向。如果想照亮正下方，可以如图2.18C一样将其调成与天花板倾斜角相同的角度向下照射。图2.18D将其与倾斜天花板平行方向安装，再调整角度，可以让光线照亮墙壁上方。

顺便说一下，图2.17中洗墙筒灯和图2.18中可用于倾斜天花板的筒灯，其实是同一种灯具，是基于集成一体式LED筒灯技术开发出来的灯具。图2.19比较了可用于倾斜天花板的筒灯和洗墙筒灯的安装效果，图中为安装断面和光照效果。

洗墙筒灯　　　　　可用于倾斜天花板的筒灯

图2.19　可用于倾斜天花板的筒灯和洗墙筒灯的光照效果的比较

由于可用于倾斜天花板的筒灯在水平方向也可以发光，因此，当其被安装在水平天花板上时，可以达到图2.17洗墙筒灯的效果。但是，它在水平方向的光线分布是固定的，不会因倾斜天花板的角度不同而变化，因此产品名录中对此描述为"对光线分布无调整"。

（2）洗墙筒灯

图2.18（第51页）中的洗墙筒灯也被称为"两用洗墙筒灯"，因为它既可以照亮墙壁表面，也可以照亮地板表面。

如果想主要照亮墙壁的话，则应使用专用的洗墙筒灯。图2.20比较了两用洗墙筒灯和专用洗墙筒灯的照明效果。当空间大小、室内装修材质的反射率和灯具排列如图2.17时，专用洗墙筒灯可以使墙壁的上方特别明亮，而两用洗墙筒灯还可以照亮地板。虽说都是洗墙筒灯，但两者的照明效果是不同的。

两用洗墙筒灯　　　　　专用洗墙筒灯

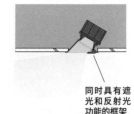

同时具有遮光和反射光功能的框架

照度分布表（照明计算软件DIALUX evo 9.2，维护系数0.8）

0.1　0.2　0.3　0.5　1　2　3　5　10　20　30　50　100　300 1000　15000　lx

【尺寸】宽度：2.7m；深度：3.6m；高度：2.5m
【反射率】天花板：70%；墙面：50%；地板：20%

图2.20　两用和专用洗墙筒灯的照射效果的比较

若从灯具的设计上进行比较的话，专用洗墙筒灯具有遮光和反射兼用的结构，并与筒灯圆环一体化。而两用洗墙筒灯在连接天花板部分的设计与普通筒灯相似，如果安装口径相同的话，两者在天花板表面可形成统一感。因此，在选择灯具时，一方面要考虑灯具的设计造型，另一方面还要考虑其带来的照明效果。

（3）万向筒灯

万向筒灯可根据外观和性能进行分类。图2.21显示了3种主要类型。

A　　　　　B　　　　　C

图2.21　万向筒灯的形状类型
（图片提供：大光电机株式会社）

图2.21A看起来与基础筒灯几乎相同，因为只有圆环部分显现在天花板上，这使得这类灯具安装后更容易实现空间统一感。而且由于发光部分位于里面，比起图2.21B和图2.21C中的灯具，图2.21A的防眩光效果更好。但是由于可调整角度的部位位于灯身底部，操作不够方便。

图 2.21B 的灯身略突出于圆环，容易看到灯身，与图 2.21A 的灯具相比，图 2.21B 的灯具更容易调整照明方向。但也由于发光处可见，因此更容易产生眩光。如果选择灯具时发现与人的视线容易接触，可以选用蜂巢式遮光板来弥补。

图 2.21C 中的灯具也被称为"下射灯"，其特点是灯具部分可以拉出，是几种灯具中最容易调整照明方向的，适用于经常更换产品陈列的商店。

（4）灯具的布置影响空间的观感

第 3 章将介绍平均光照度的人工计算方法（光通量法）。但如果房间的大小、室内装修材料的反射率和灯具的数量都相同，人工计算水平面的平均光照度也是一样的。

图 2.22 展示了 4 个排列不同的基础筒灯的 3D 照明计算结果。左侧的水平面光照分布图为桌面，其距离地面的高度为 0.4 m。人工计算时结果相同，但使用 3D 照明计算软件计算时则略有不同，灯具的布置会导致空间的明亮感和最大光照度的 3D 照明计算结果产生差异。

如图 2.17 所示，基础筒灯不仅可以照亮正下方，安装在靠墙边时，还可以照亮墙壁。图 2.22C 和图 2.22D 中的两种安装位置，可以通过照亮墙壁，强调空间的深度。尽管图 2.22B 的灯光布置在中央，其平均光照度和最大光照度都高于图 2.22C，但灯具安装在墙边和中心位置上，在视觉上照明效果会更亮。

由此可见，即使灯具相同，同样的数量放置在相同的空间里，布局不同，其给人的空间印象也会不同。因此，在照明设计中，仅仅依靠计算水平面上的平均光照度来进行设计，并不能改善住宅的光照效果。

A. 等间距安装

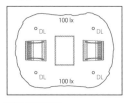

作业面高度 0.8 m
平均光照度: 107 lx；最小: 52.2 lx；最大: 135 lx

B. 安装于中心位置

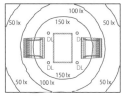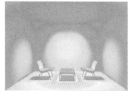

作业面高度: 0.8 m
平均光照度: 120 lx；最小: 33.1 lx；最大: 228 lx

C. 安装于墙边及中心位置

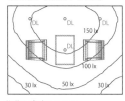

作业面高度: 0.8 m
平均光照度: 105 lx；最小: 20.7 lx；最大: 200 lx

D. 安装于两侧墙边

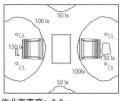

作业面高度: 0.8 m
平均光照度: 96.9 lx；最小: 43.8 lx；最大: 151 lx

光照度分布表（照明计算软件 DIALUX evo 9.2，维护系数 0.8）
【尺寸】宽度: 2.7 m；深度: 3.6 m；高度: 2.5 m
【反射率】天花板: 70%；墙壁: 50%；地板: 20%

图 2.22　不同布局导致基础筒灯的照明效果差异

射灯

专注地看某个特定物品，可以用"聚焦"来形容。射灯最初是作为舞台照明设备开发的，当想让某样东西比周围环境更突出时，就会用到它。上面提到的万向筒灯是另一种可以改变照明方向的灯具，由于其可以自由调整的范围很大，而且容易调整照明方向，因此常被用于照射物体位置多变的博物馆、美术馆和商店，同时也可用于家庭，在餐桌上创造一种光线集中的感觉，或者突出绘画作品及观赏性植物。另外，射灯也可以调整安装方向，朝下时可以用作直接照明，朝上时可以用作间接照明。

射灯的特点是光的传播范围很广，角度从窄角到中度角、广角、超广角和漫散射等都有。灯具的外观看上去一样，但是根据光照角度不同，可用于不同的照明效果。金属材质的灯具主体外壳多不反光，需要反光的话，可采用玻璃材质或部分采用亚克力材质的灯具。

图 2.23 中射灯采用了玻璃材质的灯罩，可以稍微照亮天花板表面，实现半直接型配光的效果。

由于木质表面反射率较低，安装在灯轨的射灯使用了玻璃材质的灯罩，实现了照亮天花板表面的效果

图 2.23 具有装饰效果的射灯使用实例
（建筑设计：Kankyo Design Atelier；摄影：细矢仁）

1. 形状种类

同筒灯一样，我们可以根据光线的不同来源将射灯分为集成一体式 LED 和 LED 球泡灯。就 LED 球泡灯而言，电源一般被内置在灯身内，但有的灯具只有插座部分被覆盖，光源部分露在外面。图 2.24 显示了不同类型的射灯形状。在室内，射灯一般采用凸缘式安装（直接安装）或插座式安装（用于照明轨道）。若是双灯照明，可以调整照明方向向上或向下，结合直接型配光或间接型配光。

对于带插座的照明轨道，制造商不同，叫法也不同，比如有布线插座、插座轨道、片状插座等。由于电源在轨道的凹槽中，因此灯泡只要安装在轨道可安装的范围内即可。除射灯外，吊灯和线形灯具也有插座式。关于照明轨道，在第 5 章会有详细说明。

A. 凸缘式（室内）	B. 凸缘式（双灯/室内）	C. 臂式（室内/室外）
LED 球泡灯	LED 球泡灯	集成一体式 LED
D. 插座式（室内）	E. 插座式（室内）	F. 插座式（室内）
LED 球泡灯	LED 球泡灯	集成一体式 LED/半直接型配光
G. 插地式（室外）	H. 电线供电系统	
集成一体式 LED	LED 球泡灯	

图 2.24 按形状分类的射灯主要类型
（图片提供：Odelic 株式会社）

臂式（图 2.24C）若用于室内，有两种安装方式，凸缘式安装和插座式安装，若是用于室外的话，只有凸缘式安装一种方式。此类灯具通常用于照亮墙上的挂画和标志性物体，并根据被照亮物体的大小来选择臂长和射灯的光线分布。

电线供电系统（图 2.24H）中，电线本身通有低电压（12 V），因此可以根据电线的长短来调整灯具的位置。图 2.25 便是使用电线供电系统的例子。

在一楼和二楼贯通式建筑中使用，可以使天花板保持整洁，同时照亮桌面，实现桌面的局部照明

图 2.25　电线供电系统的例子
（建筑设计：佐川旭建筑研究所）

插地式（图 2.24G）一般插入地中使用，为树木提供照明。在室外可以搭配使用橡胶绝缘申缆，因其有延长电线和插座，因此照明可安装的范围更广。这种照明的优点是，可以根据树木的生长状况改变照明的位置。图 2.26 便是一个使用中的插地式射灯的案例。

日本白水阿弥陀堂 2015 年夏季的夜灯观赏活动：
根据树木的大小来选择光的照射角度，要注意避免光线和人的视线交汇而导致眩光的问题

图 2.26　插地式射灯使用案例

2. 选择要点

在选择射灯的时候，根据照射对象的大小、光的扩散度和明亮度来进行探讨。此外灯具的灯罩、滤镜等附属产品也很丰富，因此在选择时也可以考虑是否需要使用。

（1）滤镜种类

由于 LED 照明的普及，不必过多考虑灯泡过热的问题，因此作为附属产品，树脂材质的滤镜、遮光罩、灯罩等种类繁多。图 2.27 显示了附属产品不同，其照明效果的变化。

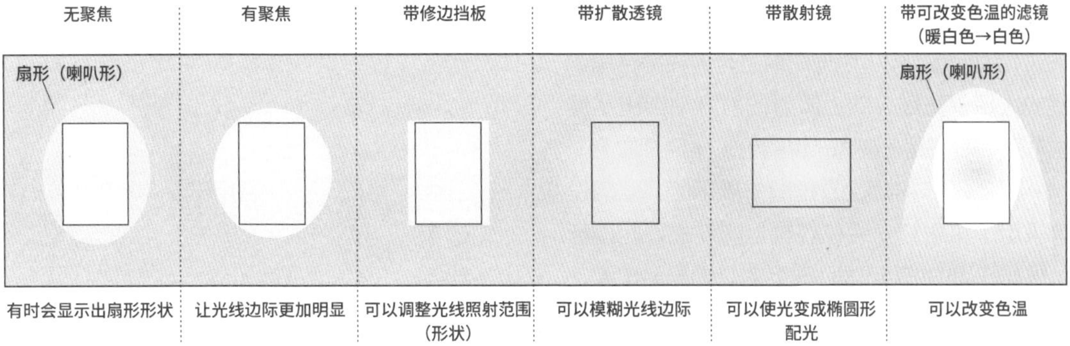

无聚焦	有聚焦	带修边挡板	带扩散透镜	带散射镜	带可改变色温的滤镜（暖白色→白色）
扇形（喇叭形）					扇形（喇叭形）
有时会显示出扇形形状	让光线边际更加明显	可以调整光线照射范围（形状）	可以模糊光线边际	可以使光变成椭圆形配光	可以改变色温

图 2.27　不同附加滤镜对照明效果的影响

如图 2.28，扇形或喇叭形是指灯具除主光线分布以外，还有多余光线。LED 照明可以用透镜或反射镜进行调整，但是光线分布越窄，其调控越难，就会出现扇形或喇叭形的光影。为了消除扇形光影，可以使用防扇形阴影的挡板。由于制造商和型号不同，可以选择的滤镜也有所不同。

（2）注意眩光

要防止眩光，可以选择带挡板或灯罩（第36 页图 1.41）等附属品的灯具。但要注意的是，使用以上附属品，会导致光线扩散面变窄或光通量变低，因此在设计照明时，需要对这一点进行弥补。

附属品的安装方式一般可以分为两种，一种是专用安装框安装，另外一种是用磁力固定。

3. 安装要点

射灯不仅可以安装在天花板上，还可以安装在墙壁和地板上。它最主要的特点是照明方向可以自由改变，当光线向上照射时，射灯被用作近距离照明；当光线向下照射时，射灯被用作直接照明；当光线分布较广时，射灯可作为一般照明；当光线分布较集中时，射灯则可作为局部照明。

在通高空间中使用射灯，需要注意将其安装在可维护的高度范围内（第 190 页图 5.1）。图 2.28 介绍了在通高空间使用射灯的案例。

图 2.28A 是一个带有通高空间的餐厅。设计时计划在餐厅放置餐桌，因此射灯被安装在墙上并设置为向下照明，以便为餐桌提供光线。

图 2.28B 是图 2.28A 空间的外侧露台，在窗户上方的外墙上安装了 3 盏室外射灯，2 盏朝下，1 盏朝上。向下照射的射灯可为在露台里用餐的人提供光线，向上照射的射灯则突出了屋顶框架，即便是在夜间，也能给人一种开放感。

图 2.28C 客厅上方是图书展示区，照明设计采用了将射灯安装在灯轨上的方式。此设计可根据陈列的书籍不同，改变射灯的照射位置，而且后期还可增加射灯的数量，非常容易调整。

图 2.28　上下楼层贯通的空间使用射灯的案例
（A、B. 建筑设计：水石浩太建筑设计室；摄影：ToLoLo studio
C. 建筑设计：O-WORKS 株式会社；摄影：松浦文生）

在墙壁上安装灯轨时，需要注意防尘。对此，可以在灯具以外的地方（如轨道或者电源输入区域）安装防尘罩，以防止灰尘积聚在电源输入部分（第 194 页图 5.9）。

如果想要向上照明并获得来自墙壁或天花板的反射光，可以采用广照型配光的射灯。但是，如果想像图 2.29A 中那样，能照亮缝隙且照射得更远，则需要使用集中型配光的射灯。

4. 使用案例

图 2.29 介绍了射灯使用的案例。

图 2.29A 是一个寺庙主殿。我们以在设计照明时使用的断面配灯图和照明效果图来作说明。从图 2.29A①可以看到,斜梁上安装了射灯,可以作为屋顶的间接照明。建筑化照明的优点是,光线可以覆盖很远。射灯灯身被横长板所隐藏,从而提高了建筑自身的整体感。图 2.29A②佛像背景中,从建筑材料的缝隙里透出光线,仿佛是光环一样,打造出了独特的照明效果。

A. 使用射灯作为建筑化照明的案例(含①②)

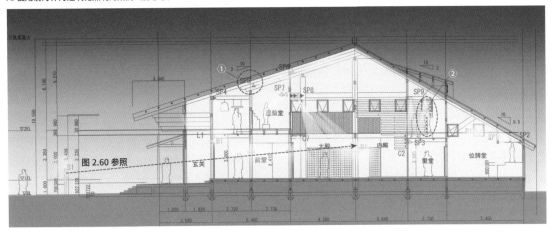

① 巧用斜梁来做间接照明

② 使佛像产生像光环一样的照明效果

B. 安装于横梁的案例

C. 作为建筑化照明改造的案例

图 2.29 射灯的使用案例

[A. 建筑构造设计:DXE;摄影:大川孔三
B. 建筑设计、图片提供(器具设置概略图为第 129 页图 4.15B):水石浩太建筑设计室
C. 室内装修设计、图片提供:Kusukusu Inc.]

图 2.29B 是住宅的客餐厨一体式空间（英文简称"LDK"，指将客厅、餐厅和厨房视为一个开放的整体来设计，从而构成的一体式空间）改造案例，改造的梁上结构更清晰可见。首先，在横梁上安装了灯轨，并根据餐桌摆放的位置，调整了射灯的位置及照明方向。其次，根据横梁的颜色，选择了黑色的灯轨和射灯，提高室内空间的整体感。再次，在横梁上安装了轻薄型 LED 轨道照明，实现了强调天棚高度的作用。

图 2.29C 是理发店的案例。在天花板搭建了一个口字形的木质框架，上方使用 LED 灯带作间接照明，并安装了朝下照射的灯轨，在灯轨上安装了射灯。店内整体的光色为 2700 K 的暖色调，剪发台上方射灯的光色为 4200 K，且为高显色性。这是和日光较为接近的色温，使得染色时对颜色的识别更加准确，不会产生色差。

室内设计一体化照明

与建筑（如墙壁和天花板）一体化的照明被称为"建筑化照明"。广义上，其包含筒灯在内，本节将主要介绍伴随室内装修的建筑化照明的设计手法。

建筑化照明的照明效果以光的渐变为亮点。由于从正常视角看不到发光部位，因此没有眩光的风险，即使是低成本灯具，也能营造出高级感。此外，灯具的 LED 化使得灯具体积变得越来越小，配光的种类也在增多，使得建筑化照明不仅更容易融入住宅，也更容易匹配家具风格。

建筑化照明主要有 3 种，即凹槽照明、檐口照明和平衡照明，图 2.30 介绍了 3 种类型的不同照明效果。由于建筑化照明是通过室内装修材料反射光线来实现照明效果的照明方式，因此，使用 3D 照明计算软件来验证灯具方向和配光的组合是否合理，是照明设计过程中的一个重要环节（第 62 页图 2.35、图 2.36）。此外，在设计时还要考虑平衡空间的整体亮度和后期维护的便利性。

A. 凹槽照明

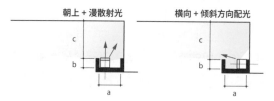

B. 檐口照明

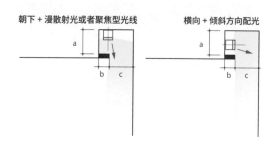

C. 平衡照明

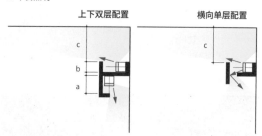

图 2.30　建筑化照明的主要种类和安装示例

如图 2.30A 所示，在墙壁或天花板上做一个凹槽来安装照明器具，使其光线可以照亮墙壁或天花板，这种建筑化照明叫作"凹槽照明"。这种方法在天花板较高的住宅中使用，可以强调天花板的高度，增加空间开阔感。此外，如果天花板的反射率较高的话，还可以营造一种明亮的氛围。

图 2.30B 为照亮墙壁的建筑化照明，称为"檐口照明"。如果室内空间较大，需要强调空间的边际时可以使用，这样用户容易把握空间的内部深度。

图 2.30C 为平衡照明，是使上下部分都被照亮的建筑化照明的方法。不仅会增加墙壁的亮度，也会增加天花板和地面的亮度。

在看灯具的产品名录时，如果其对应建筑化照明的话，会记载图2.30中a、b、c的尺寸。

数值a为考虑散热的尺寸，需要遵守产品名录中的相关数值。但在做凹槽照明时，凹槽上方会较为明亮，随着a尺寸变大，光线变弱，可以获得柔光渐变的效果。

数值b是隐藏灯具的尺寸，同时会影响光线角度。如果遮光高度过高的话，会影响灯光的美感，无法得到渐变效果（第61页图2.32）。

数值c是反映左右照明效果的尺寸，它的尺寸越大，光的渐变范围就会越大，可以照亮的空间就越广。

但是在檐口照明（图2.30B）时，由于看不到灯具，因此需要考虑被照射面的明亮度平衡，在此基础上再探讨收纳灯具的尺寸。数值c对灯具维护也有影响，在设计时需要充分考虑灯具的安装及维护时的操作，比如手和工具是否可以伸进去，最低需要宽150 mm。

1. 灯具类型

传统的建筑化照明以漫散射光为主，灯具的LED化使灯具的形状和配光的种类变得丰富多彩起来，主要特征有以下5个：

· 有无点状分布。
· 不同的电压（标准电压或者低电压）。
· 长度。
· 形状。
· 配光类型。

表2.4总结了用于建筑化照明的LED灯具的特点。

表2.4　用于建筑化照明的LED灯具的特点

种类	220 V		低电压	
	有点状	无点状	有点状	无点状
灯具照片				
电源装置	内置		外置（也有1台电源连接数个灯具的类型）	
长度种类	固定长度（多种长度），可自由拼接使用		固定长度，也可以定制长度，或者在施工现场测定长度后进行裁切	
配光的断面图	广照型（扩散及漫散射光）　斜射光型　深照型		上方视角　侧面视角　　弯曲方向 广照型（扩散及漫散射光）　　　　　斜射光型	
灯泡交换	集成一体式LED、LED球泡灯，LED模块有可以交换的灯具		集成一体式LED	
亮度	整体上比低电压灯具的光通量大，光照度高的种类较多		与220 V电压灯具相比，光通量较小，高光照度的种类较多	
光色的种类	以暖白色、白色、冷白色、中性白色为主，有可调色、调光的灯具		比220 V电压灯具光色的种类丰富，可调色、调光	

图片提供：DN照明株式会社（标准电压灯具）、EIGHTEX株式会社（低电压灯具）。

（1）有无点状分布

用于建筑化照明的 LED 灯具，通常 LED 灯珠呈等间距分布，排成线形或者带状。因此，"有无点状分布"是指，是否可以辨识 LED 灯珠的分布情况，分布情况分为有点状分布和无点状分布两种。通常有点状分布更加明亮，光的指向性也更强，截止线（第 61 页图 2.32）更加清晰。无点状分布的光线柔和，可以得到光的渐变效果，更容易体验光的设计感。

（2）不同的电压

照明灯具的电压，通常为 220 V 和低电压（如 12 V 或 24 V）等。由于 220 V 的灯具其电压装置内置于电源装置内，因此比起其他低电压灯具其断面更大。图 2.31 显示了不同电压的灯具用于建筑化照明时凹槽照明的案例。

A. 采用 220 V 灯具凹槽照明时的案例

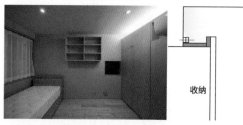

收纳

B. 采用低电压灯具的凹槽照明的案例

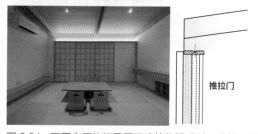

推拉门

图 2.31　不同电压的灯具用于建筑化照明时不同的凹槽照明案例

（A. 建筑设计：今村干建筑设计事务所；摄影：大川孔三
B. 建筑设计：LAND ART LABO 株式会社、Plansplus 株式会社；摄影：大川孔三）

图 2.31A 在衣橱上方和天花板采用了 220 V 的建筑化照明。柜门有效地挡住了遮光板，因此同室内装修相得益彰，形成了有机的一体。图 2.31B 采用了 24 V 的建筑化照明，是灯带型灯条款，其特征是像胶带一样轻薄。在推拉门的材料上方设计了一个凹槽，将灯条藏于其中。既不影响室内设计，又可以添加凹槽照明。

采用低电压的灯具，灯具断面较小。

由于低电压灯具的灯身紧凑，需要一个单独的电源来降压（将 220 V 转换成低电压），并从交流电（AC）转换为直流电（DC），因此需要考虑外置电源的安装位置。低电压电源装置是根据所使用的照明灯具的功耗（单位：W）来选择的，例如 50 W 或 100 W，有时一个电源装置可以同时供多个照明灯具使用。此外，灯具和电源装置之间的距离有限制（需要查看产品名录），并考虑安装位置。由于在发生故障时光源和电源装置都需要检查，因此也应考虑电源装置本身是否容易维修。

（3）长度

使用 220 V 电压的固定尺寸的灯具，有几种不同的长度，可以根据建筑化照明的开口径选择使用。使用低电压的灯具，则要事先确认固定尺寸的种类。有的产品可以成卷出售，在可切断的位置切割，然后在施工现场使用。

（4）形状

用于建筑化照明的 LED 灯具的形状类型大致可分为两种：带外壳的线形 LED 和像胶带一样的带状 LED。使用 220 V 电压的灯具以线形 LED 居多，使用低电压的灯具，根据不同的用途，可以选择线形 LED 或带状 LED。

带状 LED 可以弯曲，因此可以安装在弧形墙壁或做了圆形处理的天花板上。如果使用暗转轨道的话，可以直线安装。根据不同制造商的产品，带状 LED 又可分为上方发光的顶端视角和边缘发光的两侧视角两种，可根据弯曲方向进行选择（第 59 页表 2.4）。

（5）配光类型

配光类型丰富可以说是 LED 照明独有的特征。由于 LED 产生的热量较少，因此更容易用透镜和其他设备来控制。光线分布主要有 3 种，除了漫射光分布外，还有斜射光分布和集中分布。斜射光分布是在水平方向上发出的光，而集中分布的光扩散面较窄。

如何对以上配光进行区分使用，将在第 62 页图 2.36、第 63 页图 2.37 中进行说明。

2. 收纳要点

建筑化照明要想打造成功，关键之处在于看不到灯具，而能体会光的渐变之美。不管建筑化照明是何种类，其共同的注意事项有以下 4 点：

· 截止线。
· 用于建筑化照明的凹槽施工。
· 配光的区分使用。
· 灯具的安装间隔。

（1）截止线

图 2.32 对截止线进行了说明。截止线指连接照明灯具的发光部和遮光板高的直线，光线顺着这个直线投影到墙壁上，形成了直射光照亮的部分和没有照亮的部分，这个分界线叫作"截止线"。从建筑化照明的设计效果来看，这种出现鲜明的明暗对比的分割，是会影响设计美观的。

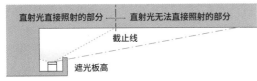

A. 遮光板阻挡光线扩散时

B. 遮光板的高度不影响光线扩散时

图 2.32　凹槽照明时遮光板高低对截止线的影响

图 2.32A 中，照明灯具自身发光的扩散（配光）范围较广，而遮光板的高度较高时，遮光板阻挡了光线的传播，使得光线的渐变无法实现，且截止线清晰可见。因此，在考虑灯具的收纳及遮光板高度时应结合灯具配光范围，即思考截止线应设在哪里、灯具的配光是否可以到达等问题。

除此之外，在倾斜天花板上安装凹槽照明时，也需注意照明灯具的安装。图 2.33 介绍了在倾斜天花板安装时的注意事项。

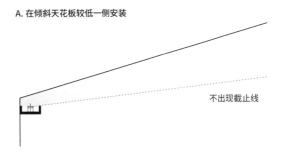

A. 在倾斜天花板较低一侧安装

不出现截止线

B. 在倾斜天花板较高一侧安装

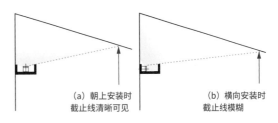

（a）朝上安装时
截止线清晰可见

（b）横向安装时
截止线模糊

图 2.33　在倾斜天花板安装凹槽照明的注意事项

如图 2.33A 所示，灯具安装在倾斜天花板较低一侧，可以实现光的美丽渐变。而如图 2.33B 所示，安装在倾斜天花板较高一侧照亮天花板时，容易出现截止线。如果像图 2.33B 的 b 一样，将灯具横向安装（第 64 页图 2.40B），使用斜光分布，光线横向照射，如果可以和天花板保持一定距离，那么就不必担心截止线过于清晰。

（2）用于建筑化照明的凹槽施工

需要注意照明灯具内置时的凹槽施工。图 2.34 中，灯具横放在凹槽内容易产生反射光，红线部分为产生反射光的墙壁，需要使用白色凹槽。例如，使用木质材料来搭建建筑化照明时，如果因为内置，觉得不会被人看到而不做处理的话，凹槽的反射率会降低，且反射光会反射木质凹槽的颜色。因此，直射光中有可能夹杂着反射光中的异常颜色。此外，还需要注意反射光照射面（绿线部分）的材质，如果反光性较强的话，会映出照明器具，因此建议采用布垫等材料。至于建筑化照明的安装部分（蓝线部分），如果可以匹配天花板的话，可以增强与建筑的整体感。

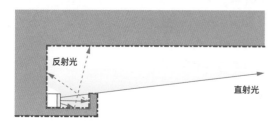

------ 产生反射光墙壁的施工
------ 反射光照射面的施工
------ 同建筑实现整体性的施工

图 2.34　用于建筑化照明的凹槽施工的注意事项

（3）配光的区分使用

　　建筑化照明的 LED 化，让配光方案有了更多选项。用于建筑化照明的灯具多以广照型配光为主，那么，什么时候采用斜射光型配光，什么时候采用深照型配光呢？图 2.35 为采用斜射光型配光灯具的案例，我们来介绍一下基于 3D 照明计算软件仿真结果的思考。

图 2.35　使用斜射光型配光的建筑化照明的案例
（建筑设计：O-WORKS 株式会社；摄影：松浦文生）

　　此建筑的特征为：倾斜天花板且天花板较高，起居室和餐厅相连，空间很开阔。因此在倾斜天花板较低一侧的窗边采用凹槽照明，照亮天花板，提升空间的开阔感。

　　在斜射光型配光时采用凹槽照明，更能实现光的渐变效果，且渐变呈现范围更广。图 2.36 中两图是同样的配光，图 2.36A 为向上安装，图 2.36B 为横向安装，对两者照明效果进行比较。图 2.35 是采用图 2.36B 的安装方法竣工后的照片。光线和明亮的室内装修材料相匹配，照亮天花板的凹槽照明实现了让室内开阔的效果。

A. 向上安装的情况

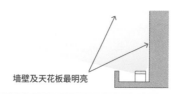

墙壁及天花板最明亮

B. 横向安装的情况

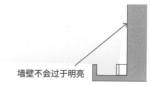

墙壁不会过于明亮

照明计算软件 DIALux evo9.2，维护系数 0.8
反射率：天花板、墙壁 70%，地面 60%

照度分布范围

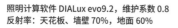

图 2.36　用于建筑化照明的斜射光型配光灯具的使用方法

最初设计像图 2.36A 一样向上安装，但结果只有灯具安装的侧面和顶部墙面是足够明亮的。因此，将灯具横向安装，改为斜射光型配光，即图 2.36B 中的安装方法。然后进行 3D 照明计算，发现不但消除了图 2.36A 中极度明亮的区域，而且天花板表面可以被照亮的面积也加大了。可见，通过这种 3D 照明计算方式，不仅可以验证灯具的选择是否合理，还可以验证其安装的方向是否合理。

有一些用于斜射光型配光的灯具还有遮光类型，图 2.37 介绍了灯具的安装示例。

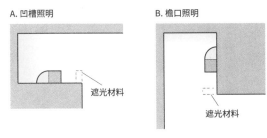

图 2.37　带遮光功能的斜射光型配光灯具的安装示例

这种灯具的特点是，即便不安装遮光材料，灯具发光部位也不容易被看到。这可以降低建筑化照明的施工成本。然而，值得注意的是，对于建筑化照明来说，由于光线主要是被反射的，亮度还是会受到凹槽内装饰面的影响。

深照型配光比广照型配光的照射范围更远，此外，灯具正对的墙面也会更加明亮。图 2.38 比较了广照型配光（图 2.38A）和深照型配光（图 2.38B）的檐口照明的 3D 照明计算结果，其中深照型配光（图 2.38B）的墙面下方更明亮，地板上的光照度也很高。

（4）灯具的安装间距

建筑化照明的关键点是灯具之间可以相互连接，特别是凹槽照明，如果灯具安装在墙壁上方，比较容易被察觉。因此，如果灯具间的间隔太宽，会使墙壁上产生阴影。

灯具的 LED 化使得建筑化照明灯具的灯身逐渐变小，于是设置建筑化照明的施工部位也在变小。但是也有灯具可以完全纳入空间，却无法收纳电线的情况。因此，安装时不仅需要注意灯具的尺寸，也同样要注意配套电线的收纳。

有些制造商的产品，可以通过灯具的凹凸来连接多个灯具。图 2.39 介绍了灯具间的连接案例，其中图 2.39A 使用了专用配线材料。制造商不同，材料长度也不同，可根据灯具的大小来选择长短。

此外，电压 220 V 的灯具产品名录上记载了同一线路最大承载的配线长度，如果超过了规定长度，需要分多个回路。注意灯具之间不要间隔太远。

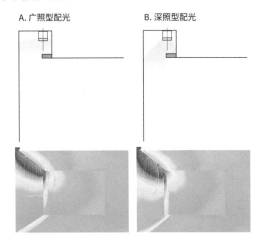

照度分布范围（照明计算软件 DIALux evo 9.2，维护系数 0.8）

【尺寸】宽度：2.7 m；深度：3.6 m；高度：2.5 m
【反射率】天花板：70%；墙面：50%；地板：20%

图 2.38　檐口照明时广照型配光和深照型配光的比较

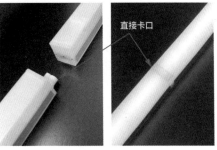

图 2.39　LED 用于建筑化照明的灯具连接案例
（图片提供：GLORY 株式会社）

3. 使用案例

图 2.40 介绍了多个建筑化照明的案例及灯具安装的概略图。可根据用途来区分使用灯具的形状、安装的方位,以及配光等。

A. 窗帘盒和凹槽照明并用

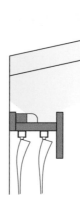

在窗帘盒上方安装了轻薄型建筑化照明用的灯具。可以在倾斜天花板的较低一侧连续照明,让天花板上的光线实现美丽渐变

B. 在倾斜天花板较高一侧安装凹槽照明

采用低电压灯具将遮光板高度调至最低,并考虑尽量避免窗边过于明亮,将灯具横向安装,光线可以水平照射

C. 在凹槽照明中内置万向筒灯

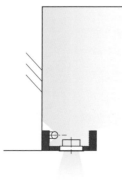

利用天花板的高度差,采用凹槽照明,内置小型万向筒灯,保证了朝下的光线

D. 强调墙面设计感的檐口照明

这是强调墙面设计感的檐口照明的案例。将照明灯具向下安装,光线可以实现优美的渐变

E. 强调外凸式窗户的檐口照明

为了使灯具藏于建筑材料内，采用了灯具向下安装的檐口照明。猜想可能是为了给画作等装饰物提供照明，因此采用了照明范围更广的斜射光型配光的灯具

F. 和镜子一体化的凹槽照明

镜子

在墙壁上安装镜子，并在镜子和墙壁之间的间隙上方内置了轻薄型的带状灯具。为了隐藏遮光板，独立安装了低电压的电源装置

G. 利用横梁间隙的平衡照明

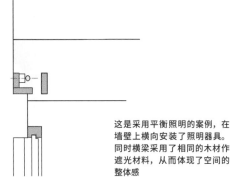

这是采用平衡照明的案例，在墙壁上横向安装了照明器具。同时横梁采用了相同的木材作遮光材料，从而体现了空间的整体感

图 2.40 收纳建筑化照明的案例

（A. 建筑设计、图片提供：SAI / MASAOKA 株式会社

B、E. 建筑设计：今村干建筑设计事务所；摄影：大川孔三

C. 建筑设计：O-WORKS 株式会社；摄影：松浦文生

D. 建筑设计：LAND ART LABO 株式会社、Plansplus 株式会社；摄影：大川孔三

F. 室内设计、图片提供：今村干建筑设计事务所

G. 建筑设计：里山建筑研究所）

嵌入式照明

嵌入式照明，顾名思义，指灯身内置于墙壁或者地板内的灯具。安装在墙壁上的有：位于墙壁下方用于照亮脚下的地脚灯，位于墙壁上方用于照亮天花板的壁灯。有些照明制造商的产品名录里，将安装在墙壁上的灯具归为支架灯一类。

安装在地板的灯具叫"地板嵌入式灯具"，根据英文名称（Buried Light），又可以叫"埋光灯"。这种灯一般用于室外照明，用来照亮建筑外墙和树木等，现在室内使用的种类也变得丰富了。

1. 墙面安装要点

图 2.41 介绍了墙面嵌入式照明的种类。

表面发光型不仅可以用来照亮脚下，还可以作为一种视觉提醒，使人看到台阶的存在。

底部照明型是一种旨在照亮更多脚部区域的地脚灯，通常用于室内或室外的走廊和楼梯。在户外使用时，一些型号设计有遮光板，以防止眩光。此外，由于有遮光板，也使得灯壳不容易损坏。

天花板照明型，也被称为"壁灯"，可以为天花板提供更柔和的照明效果。它们不能像建筑化照明那样可以提供连续的光线渐变，但可以提供焦点式的间接照明效果。

● 墙面嵌入式照明灯具的安装要点。

图 2.42 介绍了怎样规划地脚灯和壁灯的安装高度。在走廊或者室内安装的话，如果是底部照明型，高度（a）需在 300 mm 左右，如果是表面发光型，高度（b）则以 250 mm 为标准。因为表面发光型灯具照亮脚部的光线较弱，因此安装时较低。此外，还要注意护墙板的高度，在此基础上再探讨灯具的大小和安装的高度。

安装壁灯的高度（c）要从两方面进行考虑，一是要看不见光源处，二是要方便维修，因此以 1.7 ~ 2 m 为宜。但是如果太靠近天花板的话，无法得到作为间接照明应有的柔光效果，因此与天花板的距离（d）一般在 500 mm 左右。

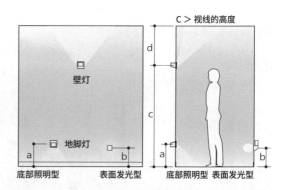

图 2.42　地脚灯和壁灯的安装高度的规划

地脚灯有照亮脚下的作用，经常用于提示地面的高度变化以及照亮台阶。图 2.43 显示了如何在楼梯处规划照明的高度，安装的高度基本同图 2.42 中（a）（b）相同。可以将灯具的中心置于楼梯垂直面和水平面的中心，这样可以照亮多个台阶。照明灯具的间隔可设置为等间距，这样可以得到同样的明暗效果。但是要注意墙壁内的建筑材料（第 193 页图 5.7），不仅需要确认室内设计平面图，还需要确认断面图。

表面发光型（室外、室内兼用）	底部照明型（室外、室内兼用）		天花板照明型（室内）
	一般底部照明型（室外、室内兼用）	有遮光板的底部照明型（室外）	

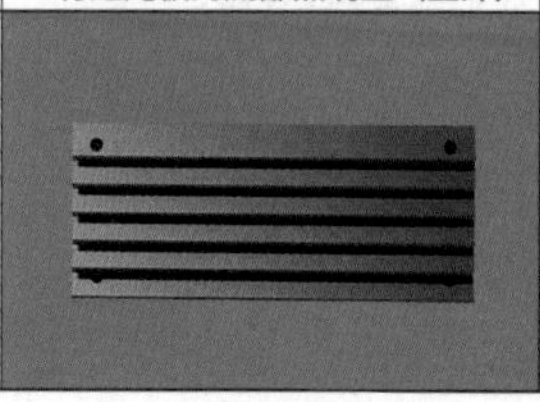

图 2.41　墙面嵌入式照明的种类
（图片提供：PANASONIC 株式会社）

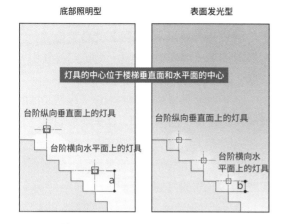

图2.43 楼梯地脚灯的安装高度

2. 地面安装要点

嵌入地面的照明即安装于建筑室内外地面的照亮柱子和墙面的照明。在室外多用于照射树木，由于自然光多是从上向下照射，而从下向上照射会给人很梦幻的感觉。

在室外的地面或地里埋设灯具，一般要考虑被踩踏的情况，因此在灯具的承重上有一定要求。一般来说，此类灯具分为行人承重（1 t 以下）、车辆承重（3 t 以下）和不可停放车辆 3 种，安装时需要确认使用环境。

图2.44介绍了地面嵌入式照明的种类。用于物体的照明和筒灯一样，有基础型和万向型。

基础型的配光范围较广，可以用于照明墙壁等。而可调整方向的万向型多用于突显柱体，或者在照射树木时使用。

灯具的形状不仅有圆形，还有四方形和条状。条状灯具可以内置于墙壁和地面的连接处，也可以作为墙壁的间接照明。

其他类型还有表面发光型，通常被用作指示灯，起强调和引导的作用。还有一种太阳能灯具，一般在室外使用，不需要布线，如图2.45所示。

图2.45 太阳能型嵌入式灯具
（图片提供：Takasho Co.，Ltd.）

●安装嵌入式照明时的注意事项。

在安装嵌入式照明时，最重要的是要提前检查安装地点的结构和装修情况。特别是在混凝土结构中安装的话，有必要在浇筑混凝土之前预留框架和布线空间，安装专用内嵌盒（第194页图5.8）。并且要配合施工进度提前预订照明灯具，以确保顺利安装。

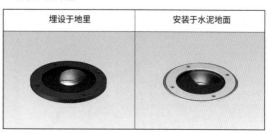

图2.44 地面嵌入式照明的种类
（图片提供：A. 小泉照明株式会社；B. 远藤照明株式会社）

此外,当嵌入式照明埋设在地下时,往往会因为下雨而造成灯具被泥沙覆盖而变脏。玻璃表面变脏的话,会影响使用效果,因此在选择灯具时,还要从灯具维护的角度来考虑。

在外墙或室内的地板上使用嵌入式照明时,还需要考虑室内是不是进行了隔热保温施工。

外部保温施工不仅在天花板,在地面和墙壁也铺有隔热保温材料。表 2.3(第 50 页)对筒灯的隔热保温施工进行了说明,在考虑照明方法和选择灯具之前,必须检查地板和墙面的嵌入式照明灯具是否也可以应对垫层法或密封法保温施工。

3. 使用案例

图 2.46A 是第 78 页图 2.65D 的走廊。此案例营造了一种平静的氛围,地脚灯起着引导作用,以帮助人们适应略显黑暗的环境。

图 2.46B 是室内楼梯的案例,虽然二楼的通高空间设置了凹槽照明,让天花板变亮,足够照亮楼梯,但是仍安装了小夜灯,用作地脚灯。

图 2.46C 是室外楼梯安装地脚灯的案例,这些地脚灯等间隔安装,使明暗效果有一定规律。

图 2.46D 是安装在柜台侧面的地脚灯的案例。通过使用表面发光型灯具,不仅可以照亮地板,还可以作为重点照明,实现强调空间深度的效果。

A. 指示性

B. 提高了楼梯的可视性(室内)

C. 提高了楼梯的可视性(室外)

D. 强调了空间深度

图 2.46　嵌入式照明的案例
（A. 建筑设计：UDS 株式会社
B. 建筑设计：ACETECTURE
C. 建筑设计：TKO-M.architeccts；
　　摄影：Archish Gallery Co., Ltd. 东京分社
D. 室内装修、照片提供：Kusukusu Inc.）

专栏 2

通过 LED 实现整体照明

由于 LED 的普及，LED 照明灯具不仅有图 1.35（第 31 页）介绍的灯具类别，整体化照明的种类也非常丰富。由于灯具的安装关系到室内设计和施工方法，因此在选择照明灯具前，需要和室内设计师充分沟通，达成共识。

系统化照明

由于 LED 的体积逐渐变小，不仅照明灯具本身的样式，空间化照明的样式也在不断丰富，并且流行起来。

图 2.47 介绍了一个系统化照明的案例。图中黑色部分嵌入了轨道照明插座，使用专门的连接模块，实现了连接天花板和墙壁阴阳角、打造立体空间的效果。专用的灯具种类丰富，有表面发光的线形照明、射灯，以及支架灯和吊灯等。

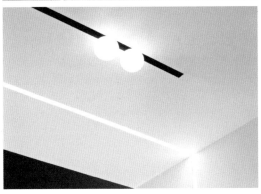

图 2.47　系统化照明的案例
（图片提供：日本 Flos 株式会社）

同室内装修相匹配的照明

如今，安装在室内装修材料内和家具内的内置照明的产品也增多了。图 2.48 为楼梯扶手处内置 LED 带状灯的案例。

图 2.48　附带 LED 照明的扶手
（图片提供：NAKA CORPORATION）

以往没有在窗框上安装照明的理念，现在也开发出了可以安装在窗框上的 LED 照明。图 2.49 就是发挥窗框设计优点的照明设计案例。此外，还有其他表面发光型嵌入式照明灯具和射灯等种类丰富的此类照明灯具。

图 2.49　附带 LED 照明的窗框
（照片提供：远藤照明株式会社、FUJISASH CO., LTD.）

需要注意的是，由于大部分产品都为低电压产品，因此需要另外配置电源装置，或者使用厂商指定的相关产品。

第 2 章

通过照明设计增强空间体验感

第4节　装饰照明

🔅 各类装饰照明的特点

整体化照明是建筑化照明的一种，与其相比，装饰照明更强调照明灯具的存在感。装饰照明的灯具有安装在墙壁上的支架灯（壁灯），安装在天花板的吊灯、枝形大吊灯和吸顶灯，以及可以单独放置的台灯等种类。

装饰照明不仅可以作为装饰空间的重点照明，根据灯具的造型及配光等条件，还可以作为一般照明和局部照明。

支架灯

支架灯是安装在墙上的照明灯具，也叫作"壁灯"。有些支架灯还可以安装在墙角处，叫作"墙角支架灯"。它们经常被用于楼梯、平台，可以增强容易产生阴影的墙壁阴角（指凹进去的墙角）的照明效果。

支架灯的特点是，其材料和形状可以自由组合，使得造型和配光的种类变得丰富，也容易和其他照明灯具相结合。虽然经常被用作辅助照明，但有些型号的灯具可以取得同建筑化照明的凹槽照明（间接型配光）和平衡照明（间接型配光、直接型配光）同样的照明效果，光通量较大的灯具还可以用作基础照明。

本书中虽然将支架灯归纳在装饰照明中，但如果灯身的配光类型为不反光型，且形状紧凑、灯具存在感较小的话，也可以起到建筑化照明的效果。

1. 选择要点

（1）按光线分布来选择灯具

图2.50介绍了按光线分布选择支架灯的案例。支架灯的另一个特点是可以应对所有的光线分布类型。比如直接型配光的情况下，支架灯可照亮墙壁或者照亮下方的家具、摆设等，和筒灯及射灯的照明效果相近。

在半直接型配光、漫射型配光及半间接型配光的情况下，采用乳白色亚克力材料或者玻璃罩覆盖，可以使光线变得柔和。如果灯具本身发光的话，容易进入视线，可起到吸引人眼球的作用，因此可以用作点缀式照明。

此外，半直接型配光和漫射型配光经常用于洗手间镜子的照明，图2.51就是其中一个例子。柔和的散射光从镜子顶部或两边射出，不仅可以防止出现阴影，还便于剃须和化妆。灯具安装在镜子上方或两侧时，间接型配光、直接型配光不仅可以照亮墙壁，还可以照亮地板和天花板。因此，同一个灯具，既可以用作基础照明，也可以用于局部照明的补充照明。

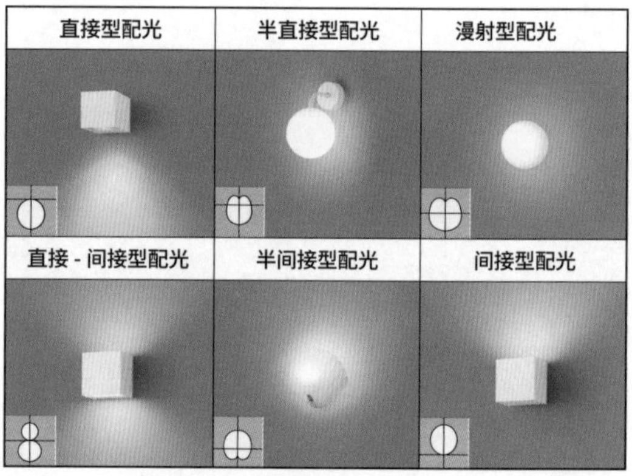

图2.50　按光线分布的支架灯分类实例
（图片提供：PANASONIC株式会社）

因此，在选择支架灯时，不仅要考虑灯具的设计，也要考虑配光的照明效果。

图 2.51　全部漫射配光的镜子照明
（室内装修设计、图片提供：Kusukusu Inc.）

（2）灯具的形状及伸出尺寸

在卫生间、走廊等狭小空间里，如果灯具尺寸过大，会给人带来压迫感。如图 2.52，应选择伸出尺寸较小的灯具，这是选择的要点。

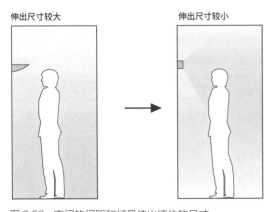

图 2.52　空间的间距和灯具伸出墙体的尺寸

（3）光源部分的视觉效果

越是狭窄的空间，如果离灯具较近，越容易产生眩光，在选择灯具时需要注意这一点。特别是直接型配光、直接－间接型配光、间接型配光的支架灯，如果安装在通高空间或楼梯，

人在移动时视线容易和光源部交汇，这一点需要留意。图 2.53 为考虑光源部视觉效果的支架灯。选择此类灯具时，不仅需要确认产品名录上的照片、上下是否开合、是否有灯罩或遮光板，还需要确认灯具的规格图。

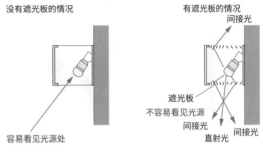

图 2.53　考虑光源部视觉效果的支架灯
（右图为 PANASONIC 株式会社产品名录中的图，有部分改动）

（4）不同视角的灯具造型的视觉效果

支架灯无论是灯具的造型还是照明效果，从正面来看都能展现出其设计之美。如果用于走廊，则多是从侧面观看，因此在选择时需要注意从侧面看的效果。

2. 安装要点

（1）安装高度

安装在墙壁上的支架灯，如果高度太低的话会撞到头部。图 2.54 显示了根据不同空间的不同配光来设计安装高度的要点。从发挥灯具的照明效果来看，指定安装高度同选择灯具是同等重要的。人的行为发生改变，视点高度也会随之变化，因此一定要考虑人的行为和空间特性来设置安装高度。

卧室里床头灯的安装高度为 1 ~ 1.7 m（a）。如果是安装在床头板上可以调整照明方向的灯，安装位置较低才比较方便使用。如果是在客厅或厨房，一般坐着的场景比较多，因此可根据坐着的视角来设计安装高度，以 1.6 ~ 1.9 m（b）为宜。

使用漫射型配光灯具，若想让人在视觉上观察到其光线扩散的渐变之美，需要安装在至少距离墙壁 500 mm 的地方，以便有足够的空间形成渐变。此外，还需要注意间接型配光、直接－

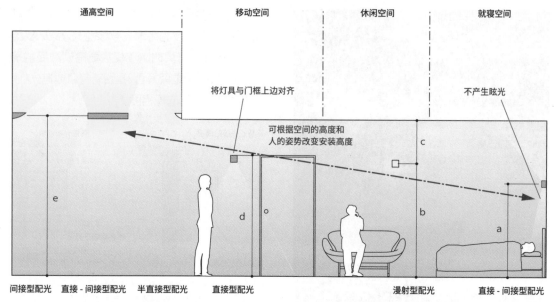

通高空间　　　　　　　　移动空间　　　　休闲空间　　　　　　就寝空间

将灯具与门框上边对齐　　　　　　　　　　　　　　　　不产生眩光

可根据空间的高度和
人的姿势改变安装高度

间接型配光　　直接 - 间接型配光　　半直接型配光　　　直接型配光　　　　　　漫射型配光　　　直接 - 间接型配光

图 2.54　不同空间根据配光类型的不同其安装高度的要点

间接型配光灯具与天花板的距离（c）。一般情况下，需要确保至少 300 mm 的距离，如果产品名录上记载了安全距离，请在此基础上讨论安装距离。从照明效果来看，如果距离天花板太近，光无法扩散，也就无法呈现出柔光的视觉感，间接照明的效果也就不明显。因此，如果天花板较低，建议不要采用间接型配光的灯具。

移动空间的安装高度一般为 1.7 ~ 2 m（d）。灯具形状为方形，安装在门口附近，与建筑材料呈平行状态的话，空间上可以体现整体感。这种情况还需要考虑距离天花板的位置。

通高空间的安装高度需要考虑维护，以 2 ~ 2.5 m（e）为宜。需要注意的是，如果是向下照射，光源部有可能会产生眩光。

（2）安装多组灯具

图 2.55 介绍了多组支架灯的安装案例。在安装支架灯时，通常根据墙壁的宽度进行等距离安装，有些灯具可以连接安装。如果是体积小且设计简单的形状，可以安装多组照明，这样不仅可以提高照明效果，还可以增强设计感。

A. 连接安装既有产品的案例

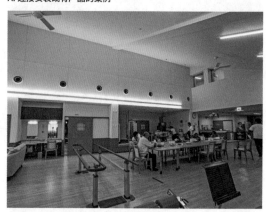

B. 以两个为一组的安装案例

图 2.55　多组安装的案例
（A. 设计及施工：TOKAI CORPORATION 建筑师事务所
B. 建筑设计：今村干建筑设计事务所、东出明建筑设计
事务所；摄影：金子俊男）

图 2.55A 为通过连接已有的直接－间接型配光的支架灯，实现建筑化照明的平衡照明的案例。

此案例是一处日间看护型养老设施，追求明亮的氛围。通过照亮桌面及弧形天花板，提高通高空间的开放感。此设计可以采用建筑化照明，由于会产生除照明灯具以外的装修费及施工费，因此从降低成本出发，使用了已有的支架灯产品。

图 2.55B 是通高空间走廊的案例。由于走廊长度较长，在其间走动时会产生单调的感觉，通过安装两个一组的支架灯，营造出了明亮的氛围感。以两个为一组，可以扩大照亮长椅的范围，营造出可驻足观赏的氛围。

3. 使用案例

图 2.56A 所示场景是在外玄关和露台，支架灯作为直接－间接型配光灯具，可以照亮地面，也可以照亮建筑物的正面。

图 2.56B 的案例使用了线形灯具，光源自身可以发出柔光。漫射型配光的支架灯，被用作重点照明。支架灯的光源可以引导视线，便于识别空间深度。

图 2.56C 的案例是在室内柱子的侧面和室外方柱的上方安装了支架灯，不仅可以营造室内外的整体感，还引导视线向室内移动，起指引作用。此设计如行灯（一种日式台灯）一样可以连接室内和室外，是起引导作用的漫射型配光的照明设计（第 57 页图 2.29A）。

A. 显示建筑物正面

B. 强调室内深度

C. 提高室内外的整体感

图 2.56　支架灯的使用案例
　　（A. 建筑设计：水石浩太建筑设计室；摄影：Tololo Studio
　　B. 室内装修设计、图片提供：Kusukusu Inc.
　　C. 建筑构造设计：DXE；摄影：大川孔三）

台灯或落地灯

台灯或落地灯是指使用电源插座的可随意放置的照明灯具，分为 3 类：放在地板上的灯具被称为"落地支架灯"或"落地灯"，放在桌子或其他家具上的灯具被称为"台灯"，而放在书桌上专门用于学习或工作的灯具被称为"作业灯"或者"工作灯"（第 157 页图 4.49）。

台灯或落地灯可以使用电源插座，因此它可以随时随地满足人们的照明需求。如果在照明设计中使用了台灯或落地灯，应注意确保插座的位置，以免电线绊人。

图 2.57 显示了一个丹麦住宅中的客厅案例。房间里共设置了 3 处台灯及落地灯，可以看出这些照明灯具是根据用户在屋中经常所处的位置和行为来设置的。

图 2.57　丹麦住宅中使用台灯、落地灯的案例

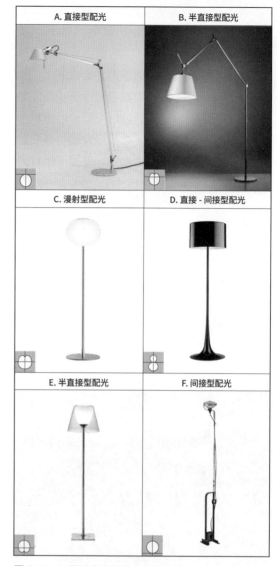

图 2.58　不同配光类型的大型落地灯
（A、B. 图片提供：ARTEMIDE JAPAN 株式会社
C ~ F. 图片提供：日本 Flos 株式会社）

1. 选择要点

台灯或落地灯的特点不仅在于灯具本身的设计，还在于光线分布的多样性。图 2.58 介绍了不同配光的大型落地灯，图 2.59 介绍了不同配光的桌面台灯。

虽然间接型配光的桌面台灯的既有产品很少，但有些灯具配有可活动的灯罩，这就可以将其转换为直接型配光或间接型配光的灯具。

直接型配光的台灯或落地灯可以照亮作业面，因此更适合学习或阅读等活动。需要更多作业灯的工作台，则以使用直接型配光灯具为主。但是只采用直接型配光的话，天花板表面会显得很暗，因此若能和间接型配光的照明灯具组合起来使用，会更适于专心工作。

臂式可移动落地灯具有可以调节照射范围和高度的特点，比较适合休闲、读书等活动，可以营造出较为安静的氛围。

2. 各种使用效果

漫射型配光的台灯或大型落地灯可以发出柔光，因此多作为点缀照明使用。高度较低的此类灯具可以照亮地面或桌面，使灯光的重心下降，从而营造放松的气氛。

A. 直接型配光	B. 半直接型配光
C. 漫射型配光	D. 直接 - 间接型配光
E. 半间接型配光	

图 2.59　不同配光类型的桌面台灯
　　　　（A. 图片提供：ARTEMIDE JAPAN 株式会社
　　　　 B. 图片提供：株式会社 YAMAGIWA
　　　　 C ~ E. 图片提供：日本 Flos 株式会社）

　　直接 - 间接型配光的台灯或大型落地灯，由于灯身本身不发光，因此既具备直接照明的光亮效果，又能营造间接照明所带来的明亮氛围感。

　　半间接型配光的台灯或大型落地灯，光线从上方流出，既可以获得间接照明的效果，同时灯具自身又有一定存在感，因此可作为重点照明来使用。

　　间接型配光的台灯或大型落地灯通过天花板反射光线，从而营造出室内空间被柔光包围的效果。天花板的反射率越高，其明亮程度越强。但在天花板较低的空间，需要稍微注意其高度，在设计时不要给人带来压迫感。

　　行灯是一种日本的传统照明灯具，可以视为落地灯的一种。和室（一种日式房间）中的坐立场景较多，相较于其他灯具，放置在地板上的行灯更能营造出休闲的氛围。

　　图 2.60 是一个在室外露台使用行灯的案例。用于室外的漫射型配光灯具放置于地板上，营造出放松的氛围。灯具被放在较低的位置，其光线很难进入人的视野，因此主人可以很好地欣赏外面的庭院风光。

　　如今落地灯随着 LED 小型化而减小体积，种类也更加丰富。比如有一种可充电的无线型，在半室外的户外活动及露营中得到广泛使用。

图 2.60　在室外使用落地灯的案例
　　　　（建筑设计：今村干建筑设计事务所、东出明建筑设计事务所）

吊灯（枝形大吊灯）

从天花板上悬吊下来的照明灯具叫作"吊灯"。此类照明灯具在选择时比较重视造型，同支架灯一样，不仅形状对光线有影响，材质不同的话，光线也会有变化，因此在选择灯具时需要确认光线效果。

如图 1.42（第 36 页）中介绍的那样，可根据天花板高度和照明用途，以及配光种类来考虑悬挂高度。不同的照明灯具有悬挂高度的适合范围，需要事先检查产品是否能以合适的高度悬挂。比如悬挂高度不可调节的吊灯，需要事先讨论灯线是否需要延长或缩短。这一项有时会在装修中产生附加费用，需要事先计入照明灯具的预算内。

枝形大吊灯是吊灯的一种，也有灯球式的、使用多个小型灯泡组成的多灯型，其发光效果类似阳光照射水晶时那种闪闪发光的感觉，存在感较强，是给人以豪华感的吊灯灯具。灯球式吊灯随着 LED 的不断进化，可以实现传统的白炽灯和荧光灯的照明效果。

1. 选择要点

在照明灯具中，灯具的造型很重要，不同类型的配光所得到的照明效果也不同。图 2.61 介绍了不同配光类型的吊灯案例。

直接型配光的吊灯，灯具本身并不显眼，其特点是可以照亮垂直空间的下方。如果灯具形状较大，且没有灯罩的话，安装后容易看到灯具内的光源部，因此在安装时需要注意其高度，不要产生眩光（第 36 页图 1.42）。

半直接型配光的吊灯兼具两个特点，一是灯具自身具有发光效果，二是可以照亮垂直空间下方。此类灯具不仅可以照亮餐桌，还可以释放光线到围坐在餐桌周围的人身上，因此较适合用于室内的餐桌处及餐厅等。同直接型配光的吊灯一样，如果设计时发现较容易看见光源部，在安装时需要重视其高度，不要产生眩光。

漫射型配光的吊灯，灯具自身被柔光包围，即使向上看也不会产生眩光。悬挂多组吊灯，充分利用其发光感，并设计好灯具的排列顺序，可最大限度地呈现其装饰效果。

直接 – 间接型配光的吊灯，如图 2.61 所示，管状灯具较多，且种类有限。随着 LED 化的发展，此类灯具的灯身变得越来越紧凑。在办公场所等，仅使用一台便可同时满足工作照明、环境照明的需求。

半间接型配光的吊灯，既有产品的选择较少，但安装中不用担心产生眩光，可营造出休闲氛围。

间接型配光的吊灯，既有产品的选择非常有限，因此图 2.61 中未列出。直接 – 间接型配光的灯具，有上下光线可分别点亮的类型，使用时可以只点亮上方，作为间接照明来使用。

2. 安装要点
（1）安装方法的分类

吊灯的安装有图 2.62 中介绍的 3 种方法。直接安装的凸缘式安装为一般方法，也有安装在灯轨上的插座式安装。有的厂商还可提供嵌入式安装的产品，可选择变更为嵌入式安装方法。

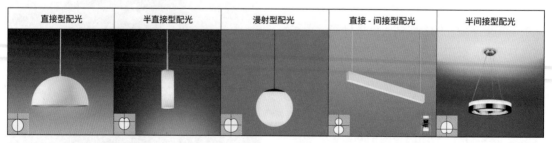

| 直接型配光 | 半直接型配光 | 漫射型配光 | 直接 - 间接型配光 | 半间接型配光 |

图 2.61 不同配光类型的吊灯案例
（图片提供：远藤照明株式会社）

图 2.62 吊灯的安装方法

选择凸缘式安装时，又有直接连线式（需要配电施工）和吸顶盘式（不需要配电施工）两种分类。悬挂大型且较重的吊灯或枝形大吊灯时，需要在吊顶安装底层材料，以确保其承重能力。在选择灯具时，事先确认安装方法是非常重要的。

吸顶盘式安装需要在天花板安装电源插座，多用于壁灯和吊灯的安装。在第 5 章我们会详细说明吸顶灯的种类（第 191 ~ 192 页）和灯轨的安装方法（第 194 ~ 195 页）。

（2）安装高度

为了避免从下往上看时产生眩光，吊灯的选择和吊灯的安装高度都是非常重要的（第 36 页图 1.42）。图 2.63 介绍了安装吊灯的高度标准。在有人行走的场所，为了不影响人的活动，灯具下端以距离地面 2 m 为宜。如果是在桌面上方安装吊灯，为避免遮挡视线，灯具下端应距离桌面 0.6 ~ 0.8 m。

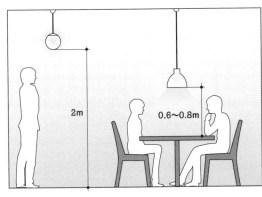

图 2.63 安装吊灯的高度标准

（3）安装多个吊灯时

安装多个吊灯可以增强装饰效果。如安装在餐桌上时，应根据餐桌的大小和照明灯具的大小，以及明亮度来考虑安装数量。当餐桌较长时，安装多个吊灯可以使桌面整体变亮，同时营造出一种热闹的氛围。图 2.64 介绍了根据餐桌的大小来确定安装吊灯的数量和选择灯具功率的标准。

4 人座餐桌 [餐桌尺寸 800 mm ×（1200 ~ 1400）mm]
相当于 100 W×1 个 　　　相当于 60 W×2 个

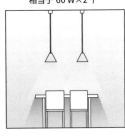

6 人座餐桌 [餐桌尺寸 800 mm ×（1600 ~ 2000）mm]
相当于 100 W×2 个 　　　相当于 60 W×3 个

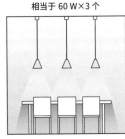

图 2.64 根据餐桌的大小确定安装吊灯的数量和选择灯具功率的标准

3. 使用案例

图 2.65 介绍了各种吊灯的使用案例。

图 2.65A 案例中，从餐厅到客厅安装了灯轨，客厅使用了射灯，餐厅使用了和射灯形状相同的吊灯，增强了空间的整体感。

图 2.65B 案例为了突显灯泡自身的存在感，使用了漫射型配光的吊灯，并设计不同的高度，让灯具装饰餐桌。吊灯高度不同的设计方式，不仅可以照亮餐桌，还可以适度照亮弧形天花板，再加上吊灯的明亮感，营造出餐桌周围热闹的氛围。

图 2.65C 案例是在寺庙的灵堂中使用漫射型配光吊灯的案例。结合室内结构，调整吊灯的安装位置及安装高度，营造出空间的整体感。

图 2.65D 是日式会议室的案例。空间采用了专门定制的直接－间接型配光吊灯，只用一个灯具便可实现工作环境的照明效果。再加上墙面的建筑化照明，提高了空间的延伸感，漫射型配光的落地灯（第 207 页图 5.33）则营造出休闲的氛围。

A. 使用不同的建筑照明灯具，在设计上实现整体的统一性

B. 不规则安装多个吊灯的效果

C. 使用漫射型配光的吊灯，灯具有较强的存在感

D. 工作环境的照明

图 2.65　吊灯的使用案例
（A. 建筑设计、图片提供：SAI / MASAOKA 株式会社
B. 建筑设计：水石浩太建筑设计室；摄影：Tololo Studio
C. 建筑结构设计：DXE；摄影：大川功三
D. 室内装修设计：UDS 株式会社；摄影：金子俊男）

吸顶灯

吸顶灯是直接安装在天花板上的照明灯具，一般根据室内面积来选择明亮度。附带遥控器的类型比较多，便于客户终端使用。但是本书主要介绍如何改善室内光线，对于"一室一灯"设计的吸顶灯，不是很推荐。但对于以混凝土建造的天花板或无法将灯具内嵌至天花板上的情况，吸顶灯可代替筒灯，或者采用小型吸顶灯、吸顶筒灯等。

1. 选择要点

（1）配光的选择

吸顶灯以半直接型配光为主流，可以稍微照亮天花板。随着 LED 的发展，此类灯具的体积也随之变小，并开发出可向下明暗切换的类型，以及间接型配光的类型。

（2）光色的选择

吸顶灯与单色调光相比可以调色、调光，图 1.13（第 17 页）介绍了可调色、调光的灯具案例。LED 吸顶灯有多种调色、调光功能的类型，造型也很丰富。图 2.66 介绍了各种配光的吸顶灯，图 2.67 介绍了各种配光的小型吸顶灯和吸顶筒灯。

2. 安装要点

吸顶灯的安装方法有两种，一种是在配电施工时安装，另一种是事先在天花板上安装挂钩（第 191 页），日本的吸顶灯多以后一种形式安装。

图 2.68 介绍了使用小型吸顶灯的案例。在格栅式吊顶内等间距地安装小型吸顶灯，不仅可以确保格栅上部的光线，还可以照亮格栅的侧面，同时保证地面的明亮度。这种特意照亮格栅上部的设计可以营造出一种开阔的感觉。

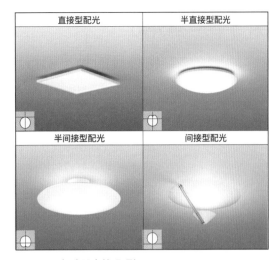

图 2.66 各种配光的吸顶灯
（图片提供：大光电机株式会社）

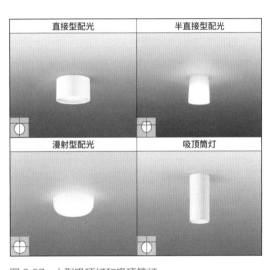

图 2.67 小型吸顶灯和吸顶筒灯
（图片提供：大光电机株式会社）

图 2.68 使用小型吸顶灯的案例
（建筑设计：佐川旭建筑研究所 摄影：大川孔三）

第5节 室外灯

室外灯的种类和特点

只在夜间使用的室外灯，可以在白天和夜间显示出不同的视觉效果。现在越来越多的住宅建筑设计了连接室内和室外的空间，如室外客厅和庭院等。

此外，由于眼睛习惯了夜晚的光线，室外灯相对于室内照明更容易产生眩光，因此在选择和使用室外灯时应注意防止眩光。

多种室外灯

在室外使用的照明灯具称为"室外灯"，在照明厂商的产品名录中多分类在室外用照明灯具或户外灯的类型中。

室外灯多依照防尘性和防水性（第47页图2.10、表2.1）的安装条件来进行选择。室外灯的种类基本和室内灯的种类相同，分为筒灯和射灯等。虽然种类不多，但若是安装在屋檐下的话，有时可以使用吊灯和落地灯。图2.69介绍了室外灯主要的安装环境和种类。

1. 室外灯的种类

我们按照图2.69所显示的灯具种类，逐一说明照明设计的要点。

（1）筒灯

在室外的筒灯多安装于外玄关和后门等处，一般分为室内用和室外用。也有可用于室内的防雨型、防雨及防潮兼用型筒灯，图2.70便介绍了一个室内使用防潮型筒灯的案例。用玻璃将卫生间的洗手区和浴室隔开，两边安装了相同的防潮型筒灯。使用相同的灯具，可以营造出空间整体感，给人开阔的感觉。（编者注：本节未提供室外筒灯的安装实例，但相关内容可以参考本书其他关于室外照明设计的部分。）

此外，筒灯的灯罩和调光板多为银色和黑色，可以防眩光，且种类非常丰富。

图2.69　室外灯的主要类型和安装环境

图 2.70　洗手区和浴室使用防潮型筒灯的案例
（建筑设计：水石浩太建筑设计室；摄影：Tololo Studio）

（2）射灯

在室外使用的射灯一般分为两种类型，对应直接安装的凸缘式和插入土地中的插地式两种安装方法。在直接安装的凸缘式灯具中，有可直接照亮店铺标牌等的臂式筒灯（第 54 页图 2.24）。

室外用的射灯和室内用的射灯特点相同，不仅光的明亮度（光通量）选择很多，光的扩散度（配光）与光色（色温）的选择也很丰富。插地式射灯的特点是可以根据照明对象的成长改变设置的位置。图 1.4（第 11 页）、图 4.68（第 173 页）介绍了此类灯具照亮树木的使用案例。对于树木的照明方法，我们会在图 4.65、图 4.66（第 172 页）做详细说明。

虽说是照亮树木，也有图 2.69 中安装在柱体上方或建筑外墙上的类型，光线从上向下照射。图 2.71 介绍了在住宅庭院中用射灯照亮标志性树木的案例。

图 2.71　树木照明的案例

从上向下照亮树木，不仅可以照亮地面，而且可以获得类似阳光透过树叶落在地上的照明效果。

（3）墙壁嵌入式照明（地脚灯）

地脚灯可以提高楼梯和有高度差空间的可视性，多用于室外。在室外的小路上，可以通过连续安装此类灯具起到引导效果（第 68 页图 2.46 C）。

（4）地下（地板）嵌入式灯具

图 2.44（第 67 页）介绍的地下（地板）嵌入式灯具也是经常被用作为室外照明的灯具。此类灯具可以从下向上照亮柱体和外墙壁，从而获得夜间独有的照明效果。另外，它还可以提高垂直面的亮度，有利于识别环境，提高安全性。

（5）支架灯

支架灯，如图 2.50（第 70 页）所示，其配光的种类非常丰富。不仅有可以在墙壁上水平安装的，还有可以在屋檐下向下安装的，以及在地板上向上安装的等多种不同安装方法的类型。安装在庭院外墙的支架灯一般归类于门灯系列，其中也有可以向上安装的种类。

另外，安装方向需遵守产品名录上所记载的方向。特别是向上安装在地板上时，电线连接处等电源部分容易进水，需要特别注意。图 2.72 介绍了漫射型配光的支架灯的使用案例。

图 2.72A 的灯具安装在外墙壁，不仅可以照亮周围，也有装饰建筑物正面的效果。它可营造出一种热闹的气氛，经常被用作迎客灯。

图 2.72B 是在露台地板上向上安装漫射型配光的支架灯的案例。通过照亮露台，即可在室内通过窗户看到窗外的景象。此外，等间距安装灯具的方法，可以让透过遮光板漏出的光点缀外观，获得装饰照明的效果。

图 2.72　漫射型配光的支架灯的使用案例
　　（A. 建筑设计：今村干建筑设计事务所、东出明建筑设计事务所；摄影：金子俊男
　　B. 建筑设计：TKO-M.architects；摄影：Archish Gallery Co., Ltd. 东京分公司）

（6）草坪灯

草坪灯一般高 1 m 左右，也叫"花园灯""庭院灯""柱状灯"，有摆放型或插电型等体积较小的可安装的类型。其中附带厚橡胶电缆的类型，可以使用室外的电源插座。

草坪灯多用于庭院内小路和矮木的照明，配光种类非常丰富。图 2.73 介绍了不同配光类型草坪灯的案例。图 4.77（第 173 页）介绍了照亮栽种植物时不同配光的使用方法。对于半直接型配光和漫射型配光的灯具，在安装时要注意防眩光。

（7）柱灯

在住宅中使用的柱灯一般高度为 2 ~ 3 m，可照亮庭院内的道路等。柱灯的高度越高，它的照射范围就越广，但由于漫射型配光的灯具上方也会出光，因此会照亮上空，形成光污染。图 2.69 显示了柱灯的使用场景，在灯柱上安装 2 ~ 3 个射灯，通过调整其方向，可以同时实现向上和向下的照明。树木较高时，柱灯的存在并不明显，而且可以突显照射对象，让其更加明亮。

2. 安装要点

（1）确认安装条件

因为室外灯安装在室外，容易受雨水和湿气影响，所以需要选择合适的灯具类型及安装地点。使用室外灯时，不仅要确认产品名录，还要搭配规格图和使用说明来选择商品。

（2）减少光污染

光污染是指由于照明安装的方法和配光不合适，而对景观及周围环境产生的各种各样的影响。因此在设计建筑外的照明时，除照射计划中的物体外，其他物体及环境应避免过度照射，以免引起光污染。

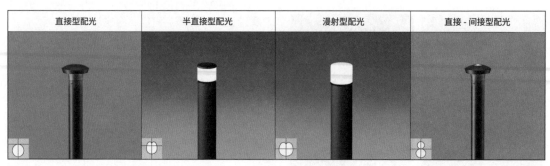

直接型配光	半直接型配光	漫射型配光	直接 - 间接型配光

图 2.73　不同配光的草坪灯的案例
　　（图片提供：PANASONIC 株式会社）

（3）导入感应器

如果房间里没有人，庭院外墙也黑漆漆的，难免会让回家的人感觉有些凄凉。因此，设置照明可以让归家的人顺利地从小路走到玄关，并且顺利地找到钥匙孔，打开大门。如果使用感应器，便可以自动控制庭院外墙的照明，使用非常方便。用于照明的感应器主要有光线感应器和热红外人体感应器两种。从安装方法上看，有的感应器和照明灯具集成于一体，有的则需要分别安装。有关感应器的使用方法和种类，我们会在第5章的第200～202页进行详细说明。

3. 使用案例

图2.74介绍了在住宅中使用室外灯的案例，在设计时连同室内和室外一起进行了照明设计。

图2.74A和图2.74B是从客厅欣赏庭院景观的照明。将漫射型配光的支架灯安装在方柱的上方，作为草坪灯使用。从室内看过去，与外阳台为同样高度，有行灯的效果。同时使用了插电式的射灯作为树木照明，仿佛是草坪灯照亮了树木一样。插地式的射灯安装在室内正面角度看不到的地方，进而突显了草坪灯的存在感。

图2.74C的照明具有迎客灯的效果，可从内侧漏出暖光，并适度地照亮树木。此照明既可以照亮回家时的路，又可以照亮建筑物的整体。

图2.74D是从浴室欣赏庭院景观的照明。通过发挥漫射型配光的草坪灯的存在感，并在外墙安装射灯，两者并用，即便是在室内，也可以从窗户欣赏外面树木的光影效果。

图2.74E是高处的照明案例，在二层屋檐下安装射灯，照亮树木。一层是玄关和餐厅，可以从餐厅欣赏外面树木的光影效果。

A. 从客厅向庭院看

图2.74　在住宅中使用室外灯的案例
（建筑设计：里山建筑研究所
庭院设计：高田造园设计事务所
摄影：中川敦玲）

B. 外廊	C. 外玄关	D. 浴室	E. 二楼屋檐

第 3 章

照明效果一目了然！利用 3D 技术进行照明计算

第1节　照明计算的基础知识

视觉亮度的确认

在照明设计中，往往以被照射面的光照度作为评价对象（第29页表1.2、表1.3），因为这是日常生活、工作所需要的最基本的亮度，是照明设计的首要目的。如果只需确认工作面的亮度，只要测量桌面上的光照度即可，但想要评价照明效果的优劣，从空间整体确认明亮度则是非常重要的。因此本节会基于照明灯具的配光数据和光照度计算的基本知识，来介绍可以灵活使用的免费 3D 照明计算软件的使用方法。

把握配光

在第 2 章我们介绍了选择灯具不仅要看造型，还要考虑光线分布（照明灯具的出光效果）。体现照明灯具在各方向上的出光量（照度值）的图，叫作"配光曲线图"。图 3.1 介绍了照明灯具的配光曲线图的实际案例。同心圆的线表示发光强度，其间隔根据照明灯具不同而不同。图 3.1 ①中光的扩散范围和发光强度在两个截面是一样的，因此配光曲线只有一条。图 3.1 ②和图 3.1 ③的光在不同截面的扩散范围不同，发光强度也不同，因此在相同的坐标系中使用两条曲线描绘。

在配光曲线上，0° 方向的发光强度为中心发光强度，数字最大的发光强度为最大发光强度。

图 3.1 ①是基础筒灯的案例，中心发光强度和最大发光强度相同，为 640 cd。

图 3.1 ②是直接型配光的支架灯的案例。在平行于墙面的 B 截面中，我们可以看出光的扩散呈左右对称型。垂直于墙面的 A 截面中，并非在其正下方，而是在 19° 的前方才显示出最大发光强度 1000 cd。

图 3.1 ③是在狭长形天花板上直接安装灯具的案例。宽度较长面和宽度较短面的配光曲线形状不同。从图中可知，A 截面中光的扩散范围更广，灯具可照亮上方的天花板，使其比前两种情形更加明亮。配光曲线图右下方标注单位 "cd/klm" 为每 1000 lm 光通量的发光强度值。当有此标注时，比如光通量为 3200 lm，在配

① 光的扩散范围和发光强度在 A 截面和 B 截面相同的情况（基础筒灯的案例）

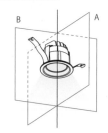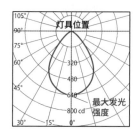

② 光的扩散范围和发光强度在 A 截面和 B 截面不同的情况（支架灯的案例）

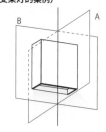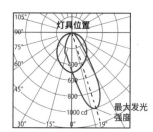

③ 光的扩散范围和发光强度在 A 截面和 B 截面不同的情况（直接安装灯具的案例）

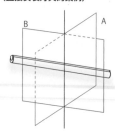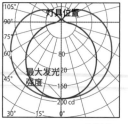

(cd/klm)

图 3.1　配光曲线的案例和读法

光曲线图中读取的数字要乘以 3.2 才是实际的发光强度。

如何知道被照点的亮度

照明灯具在某个方向上的光的强度叫作"发光强度"，被此光照射的单位面积的光通量叫作"光照度"（第 10 页图 1.1）。如果可以从配光曲线中读取发光强度值，那么便可以算出被照点的光照度。这种计算方法叫作逐点法，图3.2 介绍了这种计算方法。从 O 点垂直向下发出的光的发光强度为 I（cd），距离高度 h（m）的 P 点的水平面光照度为 E_h1（lx）。此光线与过 Q 点的光线夹角为 θ，O 点上 θ 角光线的发光强度为 I_θ（cd），Q 点的水平面光照度为 E_h2（lx）。

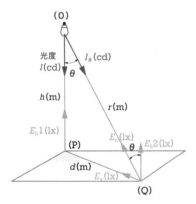

图3.2 逐点法的计算方式

Q 点的光照度根据接受光线的方向不同而有所不同。比如，桌面等水平面上的光照度为水平面光照度，以 E_h（即上面的 E_h1、E_h2，单位：lx）表示；垂直面的光照度为铅垂面光照度，以 E_v（lx）表示；垂直于入射光的面上所接受的光照度为法线光照度，以 E_n（lx）表示。通常情况下提到的光照度参考值指的是水平面光照度，但是在洗手间进行剃须和化妆时，多以人面部高度的铅垂面光照度为参考值。

P 点在入射光的垂直方向上，发光强度为 I，入射光水平面的光照度 E_h1 可以用 I 除以 h 的平方来计算，这叫作"光的平方反比定律"。因此，在垂直方向上，法线光照度等于水平面光照度。

$$E_h1 = \frac{I}{h^2} \quad \cdots\cdots\cdots\cdots \quad （3.1）$$

式中：I —— 发光强度（cd）；
　　　h —— 光源与被照点的距离（m）。

O 点上 θ 角光线的发光强度为 I_θ（cd），此条光线上 Q 点的法线光照度为 E_n（lx），水平面光照度为 E_h2（lx），铅垂面光照度为 E_V（lx），根据上面的公式，可以使用三角函数进行计算：

法线光照度： $E_n = \dfrac{I_\theta}{r^2}$

水平面光照度： $E_h2 = \cos\theta\dfrac{I_\theta}{r^2}$

铅垂面光照度： $E_V = \sin\theta\dfrac{I_\theta}{r^2}$

式中： I_θ —— 发光强度（cd）；
　　　　r —— 光源与被照点的距离（m）。

通过公式（3.1）可知，1 m 处的光照度数值和发光强度数值相等。

配光数据的活用方法

照明厂商提供的有关配光特性的数据称为"配光数据"。有的厂商不仅会提供配光曲线图，还会提供容易读取光的扩散范围和光照度的直射水平面光照度图（第 46 页图 2.9B）

在选择灯具特别是用于建筑照明的灯具时，懂得如何读取以上配光数据是非常重要的。在进行 3D 照明计算时，也会通过比较配光数据来选定大致的灯具。

图 3.3 介绍了同种筒灯的配光曲线图和直射水平面光照度图。由发光强度值构成的配光曲线图显示了光束角，由光照度值构成的直射水平面光照度图显示了照度角。光束角和照度角根据照射对象不同而区分使用。

使用光束角的光的扩散，显示了光的集中程度，视觉上与照射范围相近。因此，作为局部照明的筒灯和射灯等，会根据照射对象，参考光束角的光的扩散来选择灯具。

在整体光照度获得均等的明亮度时，可使用照度角的光的扩散。图 2.9B（第 46 页）介绍的光线扩散型基础筒灯等灯具，不仅会在直射水平面光照度图中显示光束角，还会显示照度角的光的扩散情况。

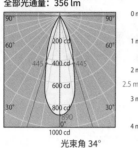

A. 配光曲线图

全部光通量: 356 lm

90° 90°
60° 60°
200 cd
445 400 cd 445
600 cd
30° 30°
800 cd
0°
1000 cd
光束角 34°

B. 直射水平面光照度图

维护系数 1.0

0m
照度角
31°
1m
890 lx
500 cd
2m
223 lx
200 cd lx
2.5 m 142 lx
3m 99 lx 100 cd
正下方光照度
4m 50 lx 20 cd
2m 1m 1m 2m
约 1.4 m

图 3.3 筒灯配光曲线图和直射水平面光照度图的案例

图 3.3 中,图 3.3A 的配光曲线只有一条线,因此我们可以知道,无论哪个截面的发光强度值都相等,中心发光强度即最大发光强度。图 3.3B 直射水平面光照度图中,正下方 1 m 处的光照度为 890 lx,根据公式(3.1),我们可以算出最大光照度为 890 cd。

下面我们将解说光束角的光的扩散直径的计算方法和照度角的使用方法。

(1)光束角的光的扩散直径

CIE 和中国照明学会规定,以光束主轴两侧 50% 发光强度为界线所构成的夹角为光束角。图 3.3A 配光曲线图中,最大发光强度为 890 cd,因此光束角两条界线的发光强度为 445 cd。从灯具的中心到配光曲线图中 445 cd 的点,分别画两条线,这两条线的夹角便是光束角,由图 3.3A 可知为 34°(两条线均落在 17° 上,因此两线间的夹角为 34°)。

图 3.4 中,光束角为 θ,截面与照明灯具的距离为 r,光束角的光的扩散直径 L 的计算方法如下:

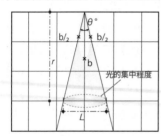

图 3.4 光束角的光的扩散直径

$$L = \tan \frac{\theta}{2} \times 2r \quad \cdots\cdots\cdots (3.2)$$

式中:L —— 光束角的光的扩散直径(m);

θ —— 光束角(°);

r —— 截面与照明灯具(光源)的垂直距离(m)。

图 3.3A 配光曲线图,在垂直 2.5 m 处,根据公式(3.2)计算,光束角的光的扩散直径约为 1.53 m。因此,如果天花板高度为 2.5 m,采用一个灯具照明,地板面的光的扩散直径约为 1.53 m。

$$L = \tan \frac{34°}{2} \times 2 \times 2.5 \approx 1.53\,m$$

(2)照度角的光的扩散

图 3.3B 的直射水平面光照度图中,将灯轴垂直,灯下水平面上某点,如其水平光照度为灯轴正下方光照度的 1/2 时,此点和发光中心连线与灯轴轴线所形成的夹角称 1/2 照度角,两边同样的线之间的夹角为照度角。

图 3.3 中,正下方 2.5 m 的光照度,根据公式(3.1)计算约为 142 lx。因此 1/2 照度角的交点为 71 lx。进而我们可以知道,照度角所对应的光的扩散直径约为 1.4 m。因此当天花板的高度是 2.5 m 时,间隔 1.4 m 安装灯具,可以得到 142 lx 左右的均匀明亮度。

$$E_h1 = \frac{890}{2.5^2} = 142.4\,lx$$

平均照度的计算方法

表 1.3(第 29 页)中,室内生活行为及其推荐的光照度标准是基础光照度,并不是根据逐点法计算的被照点的光照度,而是基准面的平均照度(即平均光照度)。所谓的基准面并不一定是地面,当进行视觉工作时,桌面作为基准面距离地面 0.7 ~ 0.8 m,而日式茶室坐立时距地面 0.4 m 左右,都是根据行为来设定的。计算平均照度可使用光通量法,即公式(3.3)。

$$平均照度:E = \frac{F \times N \times U \times M}{A} \cdots (3.3)$$

$$所需数量:N = \frac{A \times E}{F \times U \times M} \cdots\cdots\cdots (3.4)$$

式中:E —— 平均照度(lx);

F —— 灯具(光源)光通量(lm);

A —— 地面面积(m²);

N —— 灯具(光源)的数量;

U —— 照明率(利用系数 u);

M —— 维护系数。

照明灯具的光通量（F）乘以灯具数量（N）、照明率（U）及维护系数（M），再除以室内面积（A），便可计算出平均照度。根据公式（3.4），可以计算出在保证标准的平均照度时，所需要的照明灯具的数量。

（1）室形指数的计算方法

通过直射水平面光照度图，可以掌握一台灯具下被照点的光照度。图 3.5 中，实际上室内不仅有直射光❶，还有从地面、墙面及天花板等处不断反射的反射光❷。工作面接收的光通量之和与灯具照射的光通量的比就是照明率。

照明率根据长度、宽度，以及光源和工作面的距离不同而不同。表示这三者关系的指数，称为"室形指数"，用 K（Room Index）来表示，可以用公式（3.5）计算出来。通常来说，天花板较低、长度和宽度较大时，室形指数较大；天花板较高，长度和宽度较小时，室形指数较小。图 3.5 显示了计算室形指数的空间模型。

【反射率】
天花板：70%；墙壁：50%；地面：10%

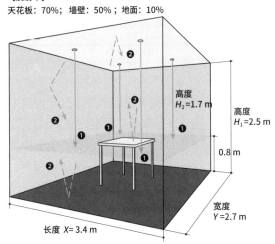

图 3.5 计算室形指数的空间模型

$$K = \frac{X \times Y}{H(X+Y)} \quad \cdots\cdots\cdots\cdots（3.5）$$

式中：X —— 长度（m）；

Y —— 宽度（m）；

H —— 照明灯具到工作面的高度（m）。

照明灯具到工作面的高度为 H（m），如以地面为工作面，其值为 $H_1 = 2.5$ m；如以桌面为作业面，其值为 $H_2 = 2.5$ m $- 0.8$ m $= 1.7$ m。

计算平均照度的工作面的高度不同，室形指数也不同。

2.5 m 时：$K_1 = \dfrac{3.4 \times 2.7}{2.5 \times (3.4+2.7)} \approx 0.60$

1.7 m 时：$K_2 = \dfrac{3.4 \times 2.7}{1.7 \times (3.4+2.7)} \approx 0.89$

（2）照明率的计算方法

照明率有两种，一是照明率（U），二是利用系数（u）。前者是射入工作面的全部光通量与光源光通量之比，后者是射入工作面的全部光通量与灯具光通量之比。对于传统光源来说，制造光源和灯具的厂商不同、灯具不同，照明的效率也有所不同。灯具释放出来的光通量与光源光通量之比叫作"灯具效率"。照明率（U）除以灯具效率，得到的便是利用系数（u）。

$$照明率（U） = \frac{射入工作面的全部光通量}{光源光通量}$$

$$利用系数（u） = \frac{射入工作面的全部光通量}{灯具光通量}$$

$$灯具效率 = \frac{灯具光通量}{光源光通量}$$

$$利用系数（u） = \frac{照明率（U）}{灯具效率}$$

随着 LED 照明的普及，现在光源和灯具一体化成为照明灯具的主流。厂商对 LED 球泡灯的相关数据多以兼顾灯具效率的利用系数表来展示。

表 3.1 显示了图 3.3 中筒灯的利用系数。表格的纵向表头为室形指数，横向表头为室内装修材料的反射率，表身的数字便是利用系数。

例如图 3.5 中，天花板的反射率为 70%，墙面为 50%，地面为 10%，当室形指数为 0.6 时，与横轴的反射率相交叉处的利用系数为 0.8。当室形指数是 0.89 时，位于室形指数 0.8 和 1.0 之间，因此可以推定其与横轴的交叉点约为 0.87。室形指数的数值和反射率的组合，不同厂商、产品的数值不同，可以根据附近的数值来推算。

表 3.1 图 3.3 中筒灯的利用系数表推算案例

不同位置的反射率	地板	10%					
	天花板	70%			50%		
	墙壁	70%	50%	30%	70%	50%	30%
室形指数 K		与材料反射率对应的利用系数					
0.60		0.85	0.80	0.76	0.86	0.79	0.75
0.80		0.90	0.85	0.81	0.89	0.84	0.81
1.00		0.95	0.90	0.86	0.93	0.89	0.86
1.25		0.98	0.94	0.91	0.96	0.92	0.90
1.50		1.00	0.96	0.94	0.98	0.95	0.93
2.00		1.03	1.01	0.98	1.01	0.99	0.97

（0.89 → 0.87）

表 3.2 寿命为 4 万小时的 LED 光源维护系数（M）

照明灯具的种类	使用时间及周围环境								
	1 万小时			2 万小时			4 万小时		
	好	中	差	好	中	差	好	中	差
裸露型	0.91	0.88	0.83	0.83	0.81	0.77	0.69	0.67	0.63
下方开放型（下方遮光罩网眼较大）	0.88	0.83	0.74	0.81	0.77	0.68	0.67	0.63	0.56
简易密封型（下方附带遮光罩）	0.83	0.79	0.74	0.77	0.72	0.64	0.63	0.60	0.56
完全密闭型（附带灯盖）	0.91	0.88	0.83	0.83	0.81	0.77	0.69	0.67	0.63

注: 1. 清扫频率为 1 年。
　　2. 周围环境的标准:
　　　　好: 尘埃较少，总能保持清洁的室内环境;
　　　　中: 一般的常用设施和场所，水蒸气、尘埃、烟雾等发生不多的场所，以及普通住宅等;
　　　　差: 水蒸气、尘埃、烟雾等大量出现的场所。

（3）维护系数的计算

照明灯具在刚开始使用时最明亮，此后随着时间流逝，明亮度会下降。维护系数(M)是指，由于使用年限变化而导致光源自身劣化，以及灰尘堆积等污染造成劣化，对这些劣化事先进行预估的系数。可以通过以下公式进行计算:

表 3.3 寿命为 6 万小时的 LED 光源维护系数（M）

照明灯具的种类	使用时间及周围环境											
	1 万小时			2 万小时			4 万小时			6 万小时		
	好	中	差	好	中	差	好	中	差	好	中	差
裸露型	0.93	0.90	0.86	0.88	0.86	0.81	0.78	0.76	0.72	0.69	0.67	0.63
下方开放型（下方遮光罩网眼较大）	0.90	0.86	0.76	0.86	0.81	0.72	0.76	0.72	0.64	0.67	0.63	0.56
简易密封型（下方附带遮光罩）	0.86	0.81	0.76	0.81	0.77	0.72	0.72	0.68	0.64	0.63	0.60	0.56
完全密闭型（附带灯盖）	0.93	0.90	0.86	0.88	0.86	0.81	0.78	0.76	0.72	0.69	0.67	0.63

注: 清扫频率为 1 年。

维护系数: $M = M_l \times M_d$

式中: M_l —— 光源设计时的光通量维持率;

　　　　M_d —— 照明灯具的设计光通量维持率。

传统光源中，白炽灯的光通量维持率比较高，荧光灯和高压钠灯的光通量维持率比较低。因此，使用不同的光源，其维护系数的差异较大。

LED 照明灯具不像传统光源那样，寿命快到期时会立刻无法点亮，而是随着使用时长增加，其光通量逐渐减少。LED 照明的使用寿命一般是 4 万～6 万小时。如果一天使用时间超过 10 小时，使用寿命是 4 万小时的话，可以使用 10 年，若是 6 万小时的话，则可以使用 15 年。

LED 的寿命是当 LED 模块无法点亮，或者总光通量下降至最初测定的 70% 以下时，以其中较短的时间为准。因此，LED 照明的维护系数是以光源设计时的光通量维持率 M_l 的 70% 为标准的，并考虑照明灯具的设计光通量维持率 M_d，根据使用时长，制定出维护系数 M 的标准。表 3.2、表 3.3 分别介绍了 LED 使用寿命为 4 万小时和 6 万小时的维护系数，纵向表头是照明灯具的种类，横向表头是使用时长和周围环境的组合，表身的数字便是维护系数。

图 3.5 中的空间中共使用了 4 台配光数据为图 3.3、表 3.1 的筒灯。根据公式（3.3），以离地面 0.8 m 为基准面进行计算。当使用寿命为 4 万小时、周围环境为"好"的情况下，由于筒灯是下方开放型的灯具，根据表 3.2，其维护系数为 0.67。

灯具光通量: $F = 356\ \mathrm{lm}$（根据图 3.3A）
地面面积: $A = 3.4\ \mathrm{m} \times 2.7\ \mathrm{m}$（根据图 3.5）
灯具数量: $N = 4$ 个（根据图 3.5）
利用系数: $u = 0.87$（根据表 3.1）
维护系数: $M = 0.67$（根据表 3.2）

平均照度: $E = \dfrac{356 \times 4 \times 0.87 \times 0.67}{3.4 \times 2.7} \approx 90.4\ \mathrm{lx}$

根据上述计算结果，可以知道，距地面 0.8 m 的基准面，其平均照度大约为 90.4 lx。

此外，由于 LED 的寿命较长，维护系数取值较低，则使用时间不久的灯具实际光照度大于平均照度，会过于明亮。因此在使用时应灵活使用调光功能，将灯具调整至合适的明亮度。

光照度的测量方法

第 41 页介绍了空间明亮感的测量方法，图 2.2 是光照强度测量仪的测量案例，图 2.3 是亮度画像的测量案例。这里我们将解说光照度的测量方法。

（1）照度计的使用方法

图 3.6 是测量光照度的测量仪器——照度计。上部圆形部分是集光处，摘下盖子露出白色部分可以测量光照度，盖上盖子则会归零重置。对于有角度的被照面，可调整集光处的角度来进行测量，比如测量水平面光照度、铅垂面光照度，以及法线光照度等。按性能划分，照度计可分为 4 个等级：普通精密级，普通 AA 级，普通 A 级，特殊照度计。4 种等级的照度计价格上有所差异，如果是在照明设计工作中使用，建议选用普通精密级的照度计即可。

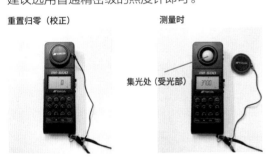

重置归零（校正）　　　　测量时

集光处（受光部）

图 3.6　照度计

由于光照度的测量是根据每个被照点进行计算的，因此想要测量基础光照度时，需要测量平均光照度。图 3.7 显示了测量和计算方法。

通常情况下，可采用图 3.7A 中的四点法来测量平均照度。若是"一室一灯"的设计，可在四点法的基础上，在中央位置加一点，测定 5 个点的光照度。如果测量范围较大时，可采用图 3.7B 中计算连续多个测量区域的平均光照度的方法来测量。这种算法考虑了室内的角落及墙壁边缘点，以及墙壁反射光的因素，最终给出计算平均照度的计算公式。

A. 采用四点法计算平均光照度

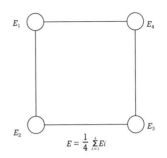

$$E = \frac{1}{4}\sum_{i=1}^{4}Ei$$

B. 连续多个测量区域的平均光照度的计算方法

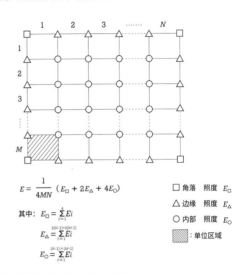

$$E = \frac{1}{4MN}(E_\square + 2E_\triangle + 4E_\bigcirc)$$

其中：$E_\square = \sum_{i=1}^{4}Ei$

$E_\triangle = \sum_{i=1}^{2(N-1)+2(M-1)}Ei$

$E_\bigcirc = \sum_{i=1}^{(N-1)\times(M-1)}Ei$

□ 角落　照度 $E_\square$
△ 边缘　照度 $E_\triangle$
○ 内部　照度 $E_\bigcirc$
▨：单位区域

图 3.7　光照度的测量和计算方法

（2）光照度测量的注意事项

我们需要根据照明设施的使用目的来确定测定范围，并选定测量点。如图 3.7B 中所示，将测定范围分割成面积大小相等的方块，截止线的交点即测量点。

当测量室内的桌面或工作台等作业面的光照度时，一般测量面的高度即桌面高度或高于桌面 5 cm 之内。如果没有特殊条件，一般空间测量面距地面 80±5 cm，日式茶室为距离地面 40±5 cm，走廊和室外距离地面 15 cm 以内。

测量时应注意，测量者自身的影子不要进入集光处。使用集光处可以取下盖子的照度计，或者可保持功能（即测定值固定显示）的测量仪，可以减少测量者自身的影响。

此外，如果测量者的衣服较白，测量时有可能会夹杂测量者衣服的反射光，因此测量时穿着黑色系衣物比较好。

第 2 节　通过 3D 验证来了解照明效果

🔍 3D 照明计算软件的使用方法

照明效果的好坏，并非只依靠光照度的数值来评价，而是需要确认空间整体明亮度的和谐感和视觉效果。目前照明灯具的配光数据不断趋于国际通用的电子标准，通过导入 3D 计算机动画（Computer Graphics，缩写为"CG"）和 3D 照明计算软件，可以更好地显示照明效果。

本节我们不仅会确认光照度和亮度等，还会介绍 3D 照明计算软件的使用方法，从而更好地了解照明效果。

什么是 3D 照明计算

本书很多图片都介绍了 3D 照明计算软件的计算结果，其所使用的软件是 DIALux evo。这是德国 DIAL 公司开发的照明设计应用软件。该软件为欧洲照明厂商使用的主要软件，世界上很多照明厂商生产的照明灯具都会为软件提供插件。这些插件可以在 DIALux evo 中使用照明厂商的配光数据，它兼有产品名录的功能，插件数据可以在软件开启后随时下载最新数据。此外，使用插件还可以在 DIALux evo 中直接读取照明灯具的数据，有些照明厂商还设置可以再现照明灯具的实时状况。

使用 3D 照明计算软件的最大优点是可以设定建筑材料的颜色和反射率。由于空间明亮感多被装修材料的反射率所影响，因此考虑反射率的影响并进行计算，是准确进行照明设计必不可少的重要流程。

配光数据的读取

使用 3D 照明计算软件，除上述可以采用插件读取数据的方法之外，还有其他的读取方法。比如有些照明厂商虽然不会提供照明插件，但公司网站一般会提供配光数据的电子表格 IES 文件，那么从主页输入照明灯具的型号，再下载配光数据的 IES 文件即可。

（1）IES 文件

在照明设计中，将照明灯具的配光数据导入 3D 照明计算软件的文件格式为 IES 格式。

IES 文件中，有图 3.1（第 86 页）介绍的照明灯具的配光曲线的三维文本信息，这是北美照明工程学会（IESNA）所规定的格式。世界上很多照明厂商都使用此种文件格式提供配光数据。

（2）ULD 文件

IES 文件提供的配光数据的三维信息，虽然可以读取配光数据本身，但只可以制作简单的器具形状，如圆筒形、立方体等，而 ULD 文件格式还包含了灯具的形状信息。因此很多欧洲的照明厂商不仅会提供 IES 文件，同时还提供 ULD 文件。

照度计算的检验

上一节我们介绍了采用逐点法计算被照点光照度的方法，以及采用光通量法计算基准面平均照度的方法。若是采用 3D 照明计算软件，可以一次性计算被照点的光照度和基准面的平均照度。

图 3.5 的空间采用了图 3.3 的配光数据，设置 4 盏筒灯，采用光通量法计算的平均照度为 90.4 lx（第 90 页）。图 3.8 显示了采用与其在相同的计算条件下，使用 DIALux evo 进行 3D 照明计算的结果。

采用光通量无法计算时，室形指数需要根据房间的大小和反射率进行设定，但没法计入像桌子等家具的反射率的影响。我们通过图 3.8 来比较桌子反射率为 10%（图 3.8A）和 80%（图 3.8B）的结果的差异。

和光通量法一样，我们设定计算面的高度 H 为 0.8 m，来比较水平面光照度分布图和 3D 亮度分布图。水平面光照度分布图是指，将相同光照度的点连接起来形成等光照度曲线，由该曲线所表示的平面图。

筒灯（D1）的正下方较为明亮，无论桌子的反射率如何，距地面高度 0.8 m 时，光照度为 200 lx 左右。从结果来看，平均照度与反射率无关，其结果都不到 100 lx，与光通量法的计算结果相比较为明亮。

如果只计算水平面的平均照度，其实采用光通量法也可以，但是从 3D 亮度分布图来看，当桌面反射率较高时，墙面和天花板也会较为明亮。因此我们可以知道，视觉上的差异无法通过光通量法这种计算平均照度的方法来确认。

照明灯具的明亮度不仅受自身的亮度影响，与不同的家具组合，其照明效果也会有所变化。这是照明设计的难点，同时也是有趣的地方。灵活运用 3D 照明计算软件，是进行逼真的照明设计的第一步。

A. 设定桌子的反射率为 10%

水平面光照度分布图 （H＝0.8m）

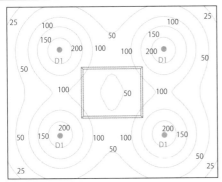

平均照度：97.31 lx；最小光照度：17.3 lx；最大光照度：217 lx

B. 设定桌子的反射率为 80%

水平面光照度分布图 （H＝0.8m）

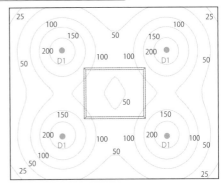

平均照度：98.8 lx；最小光照度：18.3 lx；最大光照度：219 lx

3D 亮度分布图

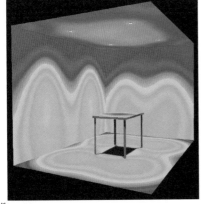

计算条件
【反射率】天花板：70%；墙壁：50%；地面：10%
【维护系数】67%

3D 亮度分布图

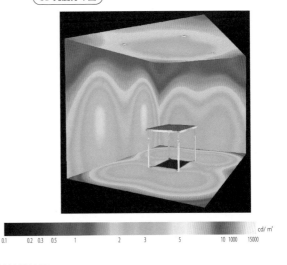

图 3.8 使用 3D 照明计算软件（DIALux evo）对光照度的计算结果

DIALux evo 的功能

图 3.9 显示了 3D 照明计算的流程。根据第 96 页的顺序，先对建筑物或土木构造物进行建模（①），如已有 3D 数据，可以直接导入。或者可以从设定照明（②）开始。

本书为了确保可以预测照明效果，介绍了 3D 照明计算的案例，并根据图 3.9 的流程来解说 DIALux evo 的实际操作方法。

本书采用的软件版本是 DIALux evo 2021 年 6 月的版本，若版本已更新，在操作方法上或许会略有不同，还请见谅。

启动 DIALux 后，便会出现以下界面（图 3.10）。我们要从"添加文件"这里选择制作方法。选择"户外和建筑物设计"时，我们需要创建作为模拟对象的场地和建筑物的外观，然后从每个楼层到每个房间逐个设置。"室内设计"则是按照从房屋到楼层、再到建筑物的外观这一顺序进行设置。开始项目时选择的制作方法不同，其功能也不同。DIALux 无法从室外各个楼层开始制作，因此如果您使用过 DIALux，可能会对后一种方法比较容易接受。

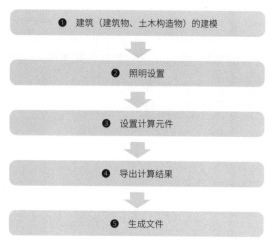

图 3.9　3D 照明计算的流程

如果想使用其他软件生成的数据，可以选择"导入图纸或 IFC"。若是模拟长方体等形状较为简单的房间，可以直接选择"简单室内规划"。

第一次制作并保存后，便可以从"编辑文件"中选择上次保留的文件名进行编辑。

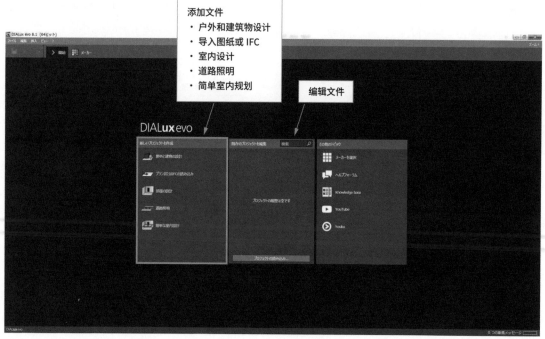

图 3.10　DIALux 启动后的界面

操作界面的说明

　　下面我们来说明一下操作界面的构成。

　　请看DIALux evo中上方的各种选择菜单。"❶制图、❷照明、❸计算元件、❹导出"等，

选择不同菜单，其左侧会出现不同的选项，并联动各种不同的设计活动。图3.11显示了主要操作界面，下面我们会对各个操作项目进行逐一解说。

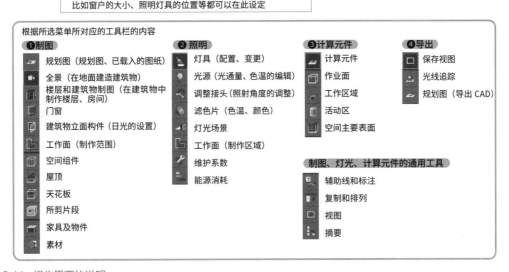

图3.11　操作界面的说明

（1）建筑（建筑物、土木构造物）的建模

在"制图"中，可以对建筑物、建筑物外部结构、各种配置（家具及树木等），以及道路与桥梁这样的土木构造物等在 3D 空间做建模（图 3.12）。建模时，可以对各部分材料的表面颜色（反射率）和质地（反射特性）等进行设置。

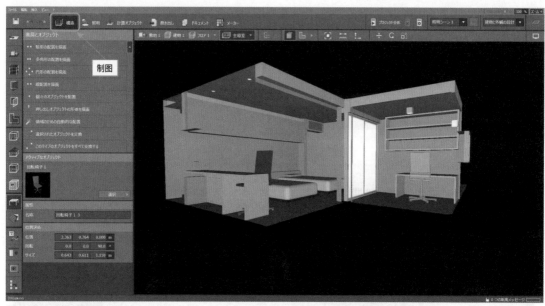

图 3.12　建筑结构的建模

（2）照明设置

在建模对象内配置照明灯具，图 3.13 中的黄色形状显示了各个灯具的配光数据。可以在此处详细设置光源的光通量和色温。

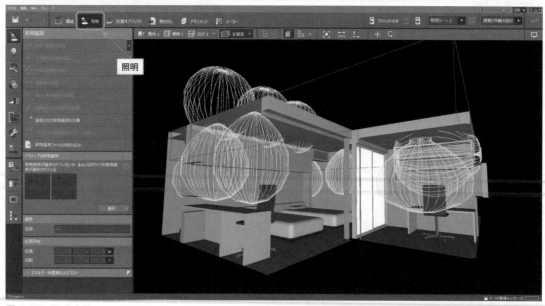

图 3.13　照明设置

（3）设置计算元件

可以设定想要计算的任意点和面，并对计算对象设定水平面光照度、铅垂面光照度和屋内统一眩光评价值（Unified Glare Rating，缩写为"UGR"）等（图3.14）。软件可以自动计算出房间和对象物体表面的光照度及亮度。此外，还可以设置多个计算面，将照度分布图以等光照度曲线的方式输出。

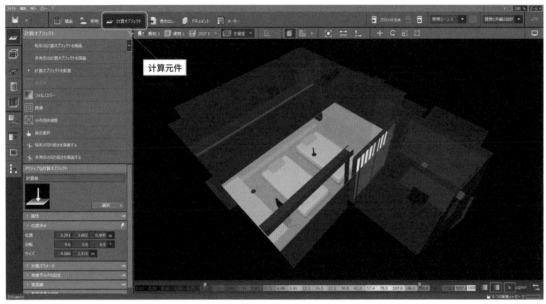

图3.14　设置计算元件

（4）导出计算结果

建模的结果可以以图片的形式导出，也可以导出 CAD 数据（图3.15）。通过启动光线追踪（对曲折和反射效果进行处理），制作光线追踪图像来反映玻璃面和镜面反射光的情况。

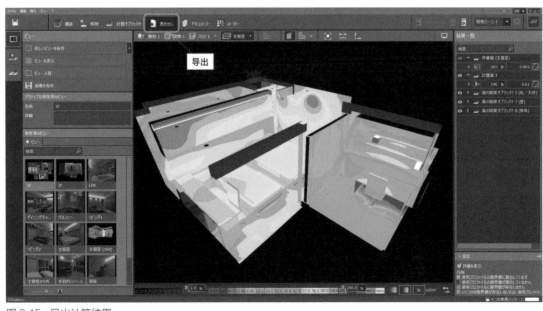

图3.15　导出计算结果

（5）生成文件

可以将整理建模的内容和结果以报表的形式导出（图3.16）。报表的记载项目也可以进行设置。

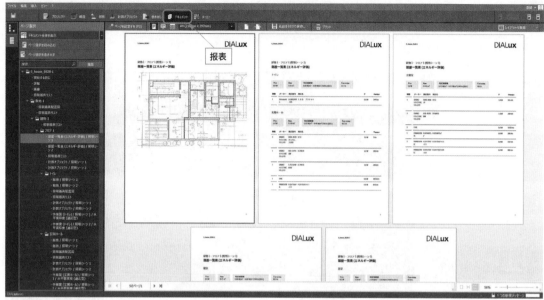

图 3.16　生成报表

操作方法

1. 建筑物（建筑物、土木构造物）的建模

第一步 **1** 导入图纸

在启动页面（第94页图3.10）中，点击"导入图纸或IFC"，可以选择想制作的建筑物平面图的CAD数据（图3.17）。可导入的数据格式有JPG格式的图像数据，以及DXF、DWG格式的CAD数据。

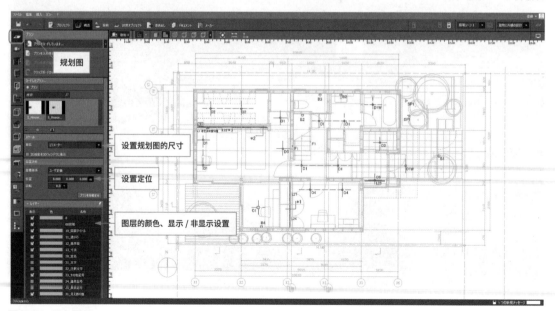

图 3.17　导入图纸

也可以不导入图纸，但是有图纸的话，建模操作会较为容易。如果是多层建筑，可以在相同位置排列各层平面图。如果 CAD 图纸有多个图层的话，可以给每个图层设置线的颜色，根据自己的使用习惯区分颜色来使用。

第一步 2 地面组件的绘制（全景地面的制作）

可以先制作房屋和建筑结构使用的地面（图 3.18）。在大概形状确定后，再进行微调。

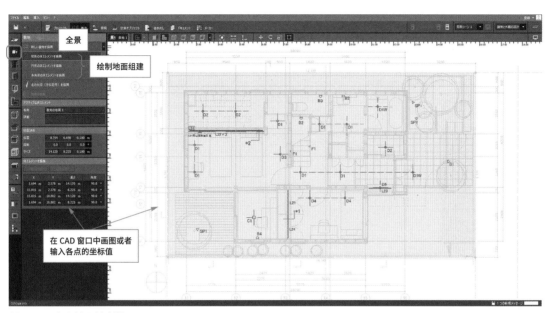

图 3.18 全景地面的制作

第一步 3 制作建筑物第一层外墙

制作建筑物第一层（或只有一层）的边缘线，即外墙（图 3.19）。在大概形状确定后，再进行微调。

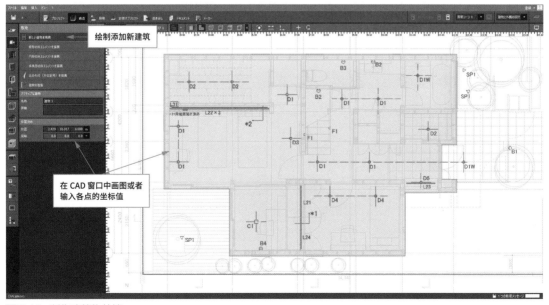

图 3.19 制作建筑物外墙

第一步 4 设置楼层高度和地面厚度，添加楼层

在已经制作的第一层设置天花板高度（楼层高度）和地面厚度（图3.20）。如果继续添加楼层，可以同上添加新楼层或者复制楼层，依此类推。

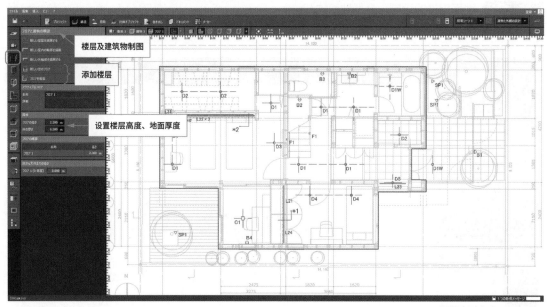

图3.20 制作楼层

第一步 5 制作房间

在已经制作的楼层里制作房间。房间的轮廓是导入数据的内侧线条，可以拖拽点来进行制作，或者输入坐标值来进行制作（图3.21）。

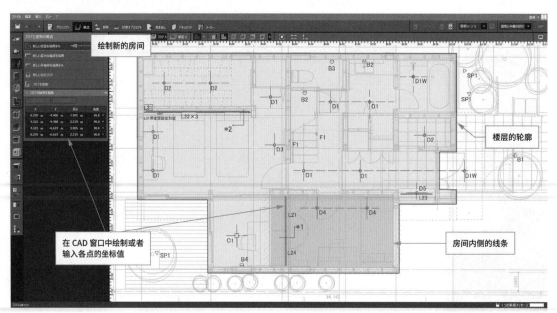

图3.21 制作房间

第二步 **1** 制作开口处

在各个房间的墙壁上设置门和窗的开口处，并设置各开口处的大小和距离地面的高度（图3.22）。

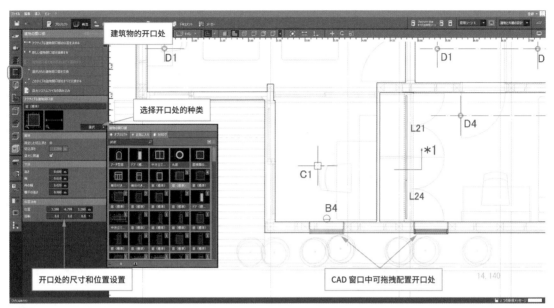

图 3.22　制作门窗开口处

第二步 **2** 制作空间组件（斜坡、圆柱、横梁、平台）

在室内设置斜坡、圆柱、横梁、平台等构造（图3.23）。

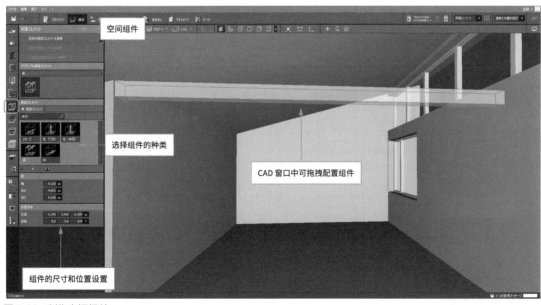

图 3.23　制作空间组件

第三步 1 制作屋顶

制定屋顶形状，默认的屋顶是水平屋顶，可以根据需要设置屋顶形状、厚度及各种角度等，也可以制作倾斜屋顶（图 3.24）。

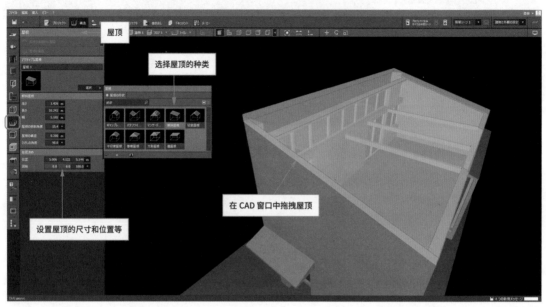

图 3.24 制作屋顶

第三步 2 制作天花板

制作各个房间的天花板，可以输入数值设置天花板的高度和厚度（图 3.25）。

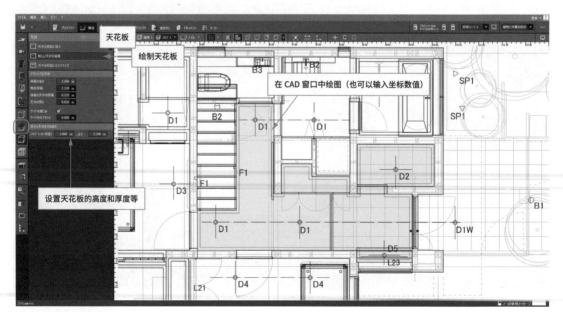

图 3.25 制作天花板

第三步 3 制作剪裁片段

在多层建筑物中制作楼梯时，需要在上一层的地面开口。如需在建筑物的构造图上开口，则需要使用"所剪片段"工具（图3.26）。同理，不仅在地面上，在天花板及墙面、斜坡、圆柱、横梁、平台等处需要设置开口和凹陷时，也需要使用此工具。

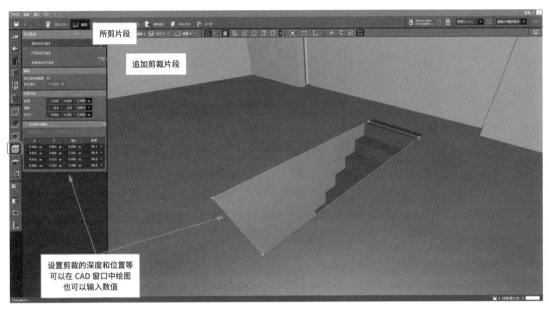

图3.26 制作剪裁片段

第四步 1 插入家具及物件

下面就可以在室内配置家具和各种物件了（图3.27）。不仅可以配置长方体或球体等三维物体，还可以配置产品名录中出现的物品，也可以读取家具厂商所提供的3DS文件（文件→导入→3DS文件）。

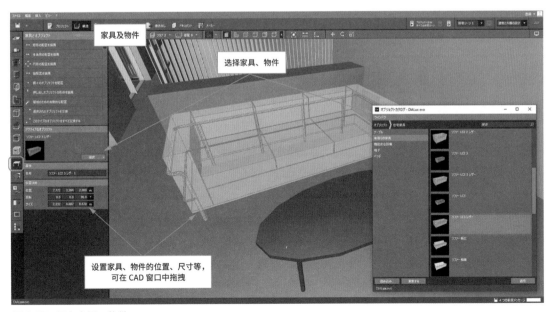

图3.27 插入家具、物件

照明效果一目了然！利用3D技术进行照明计算

第四步 2 设置颜色、材质

　　设置墙面、地面、天花板等构造物或配置组件的表面颜色（反射率）和材质（反射特性）。颜色和材质可以新制作，也可以从产品名录中选择（图3.28）。

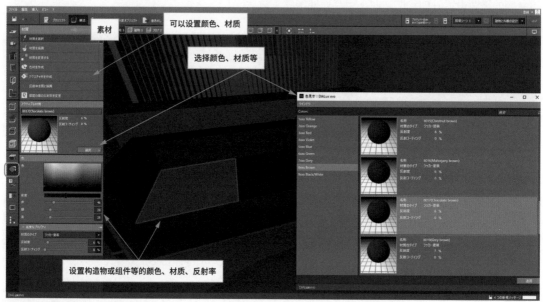

图3.28　设置颜色、材质

2. 照明设置

第一步 1 从产品名录中导入照明灯具的数据

　　在设置照明时，需在选择栏处切换至"照明"。在制作空间设置照明灯具的模型前，需要导入照明灯具的数据。如厂商已有插件（第92页），可从产品名录中直接导入照明灯具的数据（图3.29）。

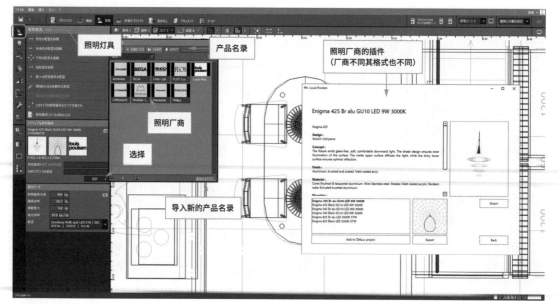

图3.29　照明设置

第一步 2 导入 IES 文件

导入各照明厂商公布的 IES 文件（配光数据）后，便可设置灯具。导入 IES 文件时，既可以从本地保存的文件夹中导入（图 3.30），也可以直接从云端导入。当使用 IES 文件时，需要设置灯具和光源的尺寸等。

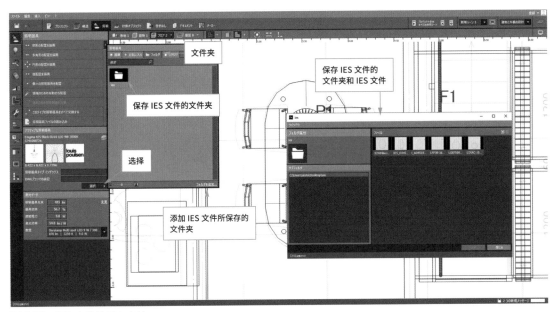

图 3.30 IES 文件的导入方法

第二步 1 配置灯具

下面便可以开始逐个配置灯具（图 3.31）。点击和拖拽 CAD 窗口内的图纸，可简单地调整位置，当然也可以直接输入数值确定位置。

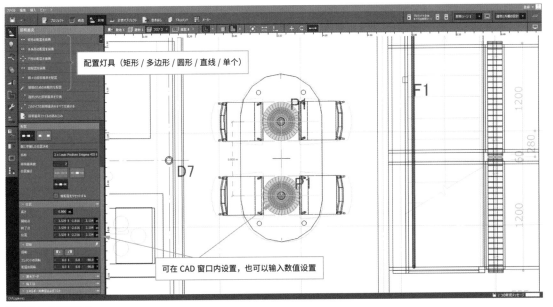

图 3.31 配置灯具

第二步 2 替换灯具

替换照明灯具时，需要替换成功后再进行各项数据的计算。选择替换的照明灯具时，需要事先导入 IES 文件（图 3.32）。需要注意替换的操作顺序，图 3.32 特意标出操作序号以供参考。

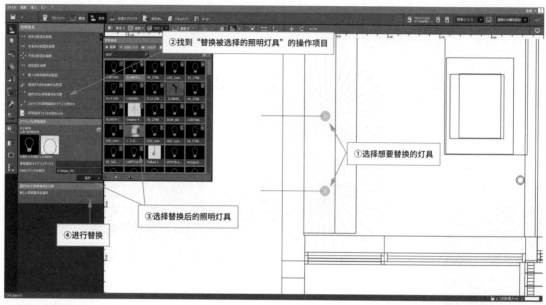

图 3.32 替换灯具

第三步 1 设置光源

选择需要配置的照明灯具后，点击工具栏的"光源"，就可以更改光源的类型。软件中有默认设置，也可以之后再更改光源的种类和光通量、色温等（图 3.33）。

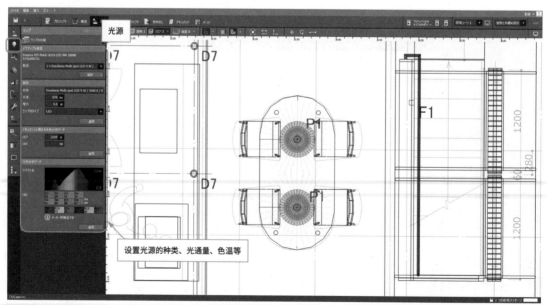

图 3.33 设置光源

第三步 2 设置灯光场景

可以录入想同时控制的照明灯具作为"灯具组"，以每组为单位进行开关、调光等设置。即使是在白天，也可以根据天气情况（比如晴天、无日光、多云、阴天等）进行设置。将以上设置录入为"灯光场景"（图 3.34），可以同时比较多个灯光场景。

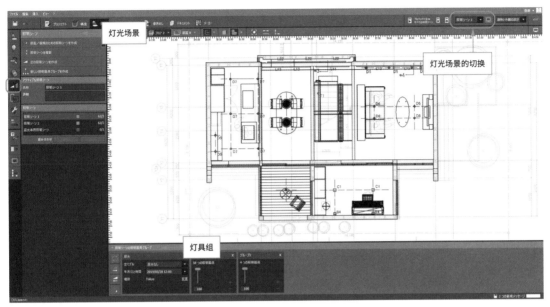

图 3.34 设置灯光场景

3. 设置计算元件

设置计算元件时，可以自动计算出房间内各墙面的光照度和亮度，以及作业面（默认设置高度为0.8 m）的水平面光照度（平均照度、最大光照度、最小光照度等），并给出光照度分布图。若想指定计算范围，也可以手动添加（图 3.35）。设置完成后，便可以开始计算。

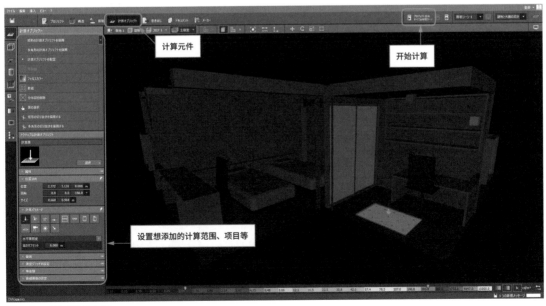

图 3.35 设置计算元件

4. 导出计算结果

第一步 ▶ 显示结果摘要

在计算结束后，点击界面右上角"结果摘要"，右侧会出现结果摘要的一览表（图 3.36）。

图 3.36　显示计算结果

第二步 ▶ 保存图像

除了可以保存 CAD 窗口的视图，还可以将计算结果作为图像保存。选择"显示选项"，还可以选择"伪色图"，即可保存如图 3.37 右侧所显示的光照度和亮度分布的图像。

图 3.37　保存图像

第三步 光线追踪

执行光线追踪后，计算结果会更准确地表现出来（图 3.38），并可以还原光线在金属面和玻璃面的反射程度。

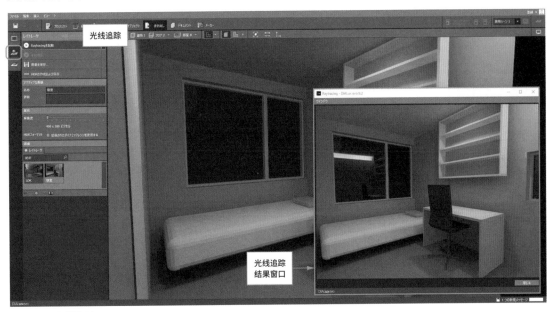

图 3.38　光线追踪

第四步 导出规划图

可以导出建模空间及照明灯具的平面图（配灯图）、CAD 数据（DWG、DXF、DXB 等格式）等（图 3.39）。此外，也可以导出计算摘要一览表，以及包含等光照度曲线的光照度分布图等。

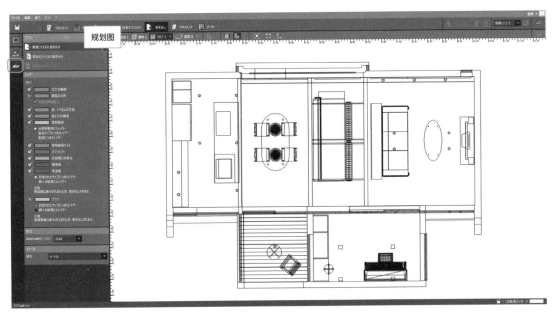

图 3.39　导出规划图

5. 生成文件

在制作文件中，可以导出和建模相关的全部结果和数据，想导出哪些内容可进行详细选择（图3.40）。主要的导出内容有照明灯具表、照明灯具配置图、计算结果（设置的每个计算面）等（图3.41）。同时也可以生成PDF文件和打印文件。

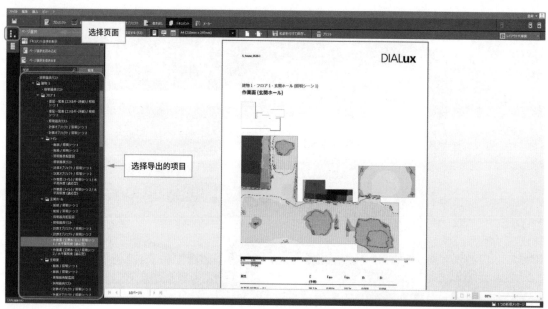

图 3.40　生成文件

照明灯具表　　　　　　　　照明灯具配置图　　　　　　　各计算面的光照度分布图（等光照度曲线）

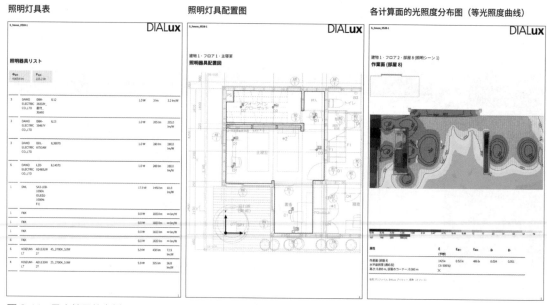

图 3.41　导出结果的案例

照明计算结果和竣工后的比较

图 3.42 介绍了使用 DIALux evo 进行室内照明设计的案例。最上方两张图是实际竣工时的照片,中间两张图是照明效果图,最下方两张图是 3D 光照度分布图。

客厅(图 3.42A)和卧室(图 3.42B)是同一住宅的不同空间,因此在同一个文件中分别制作了楼层和房间,得到了和预想大概一致的照明效果。采用此类 3D 照明计算方法进行设计,在内部装修材料变更时,或者照明方法及灯具变更时,也可以准确地提出修改方案。

实际竣工时的照片　　　　　　　　　　　　A. 客厅　　　　　　　　　　　　　　B. 卧室

使用 3D 照明计算的照明效果图

3D 光照度分布图

```
lx
0.1  0.2 0.3  0.5    1   2   3   5   10  20 30 50  100   3001000  15000
```

3D 照明计算软件　DIALux evo 9.2,维护系数 0.8
【反射率】天花板: 23%(A),70%(B)
　　　　　　墙面: 60%
　　　　　　地板: 23%(A),30%(B)

图 3.42　使用 DIALux evo 进行室内照明设计的案例

充分发挥生活方式特点的
分场景照明技巧

第 1 节　与生活息息相关的照明

按生活行为来规划照明设计的要点

随着居家工作形式的出现，人们的工作方式也在不断变化，可以说住宅几乎可以承担人所进行的所有活动。如果住宅除了能成为办公室、餐厅、咖啡厅，还可以让人体会酒吧和酒店的氛围，那么我们的生活情趣便可能随之改变。

在本节，我们会介绍室内照明的基本设计理念，并介绍设计光线的技巧，以便设计用于不同生活场景的照明。我们会运用第 1 章到第 3 章的内容。为了沟通具体的照明设计，我们会使用灯具的配光数据及 3D 照明计算软件，介绍怎样按不同的生活场景来思考照明和设计照明方案。照明设计方案会采用配光组合的案例和 3D 光照度分布图，以把握照明明亮度的和谐感。

场景 1. 进出门

在商业设施的正门，可以采用迎客灯的设计理念。正门可以称作是建筑物的门面，它将影响建筑物给人的印象。正门不仅要有足够的亮度，还要对打造建筑物的整体印象以及营造迎客氛围起至关重要的作用。

图 4.1 是从室外走向玄关的照明案例。采用草坪灯可以在照亮树木的同时照亮脚下，并起到安全指引的作用。在屋檐下不显眼的位置设置射灯，可以在强调外墙材质的同时，营造出温暖的氛围。

图 4.1　从室外走向玄关的照明案例
（建筑设计：LAND ART LABO 株式会社、Plansplus 株式会社；摄影：大川孔三）

内玄关的照明设计和迎客、回家等行为息息相关，我们将围绕 4 个方面来进行说明，并在图 4.2 则展示基于以下理念的 4 个照明方案。

· 舒缓心情。

· 装饰。

· 穿着打扮。

· 与室内装修相协调。

1. 舒缓心情

回家时看到暖色调的窗灯，便有安心舒适的感觉。因此，营造一种令人放松的暖光氛围是非常重要的，其关键点是使用暖白色的低色温照明。此外，加上照亮天花板的建筑化照明，可以将空间整体用暖色调光线包围（图 4.2 方案 1、图 4.2 方案 4），营造出一种令人放松的氛围。从安全层面上，在上方框架的上部安装直接型配光的筒灯，可以制造适度阴影，有利于提升台阶的可视性。此照明还可以为家人及来宾提供光线（图 4.2 方案 1、图 4.2 方案 2、图 4.2 方案 4），便于互相确认面部表情。

2. 装饰

在内玄关，通常在玄关柜上会装饰花或艺术品等。此处的照明既有重点照明的效果，又有作为迎客灯的引人注目的效果。根据不同的装饰物，可以选择不同的照明方式和配光方式，其关键在于配置的灯光要比基础照明更明亮（图 4.2 方案 2）、更显眼。用于照射装饰品的局部照明一般比推荐的内玄关光照度要高，以基础照明的 2 ～ 3 倍为标准（第 29 页表 1.3）。

方案 1. 令人如沐春风的光

方案 2. 令人情绪高涨的光

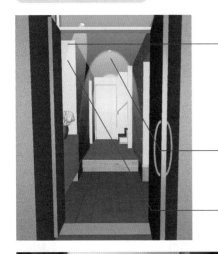
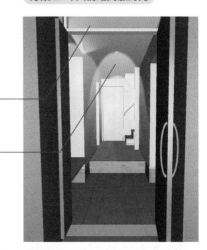

照明设计理念

使用建筑化照明照亮天花板，营造出明亮且温暖的氛围

采用集光型万向筒灯作为局部照明，可以突显装饰物

在上方框架上部安装广照型筒灯，可以照亮客人和家人双方的面部

采用广照型的灯具安装在框架下方，可以照亮座椅，方便鞋子的穿脱

照明效果图

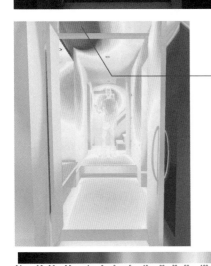

3D 光照度分布图

可指引视线至天花板，从而获得整体上明亮的感觉

照射装饰性的花朵，可突显迎客的氛围

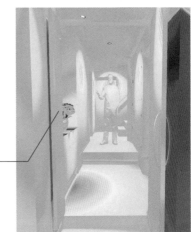

```
0.1  0.2 0.3  0.5   1   2   3    5   10   20 30 50  100    300 1000  15000
```
lx

3D 照明计算软件 DIALux evo 9.2，维护系数 0.8
【反射率】天花板、墙壁：84%；墙壁：57%
地面（走廊）：51%；进门处：22%

方案 3. 可环视自身的光

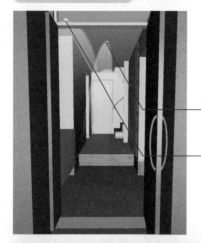

方案 4. 明亮开阔的光

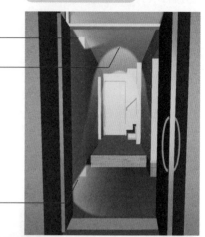

照明设计理念

通过照亮天花板的建筑化照明营造出一种明亮的氛围

上方框架上部的广照型筒灯可以照亮进出门的人的面部

集光型万向筒灯可根据人的方向调整角度，提亮铅垂面上的人站立时的明亮度

广照型筒灯可以同时照亮玄关柜和入口处

采用轻薄型带状灯照射脚部，可以营造出酒店的氛围

照明效果图

3D 光照度分布图

照亮天花板和脚部位置，可以给人整体明亮的感觉

可以提亮铅垂面上人的亮度，便于人进行穿着打扮

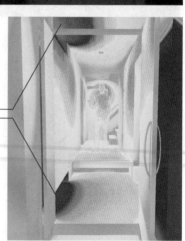

lx　3D 照明计算软件 DIALux evo 9.2，维护系数 0.8
【反射率】天花板、墙壁：84%；墙壁：57%
地面（走廊）：51%；进门处：22%

0.1　0.2　0.3　0.5　1　2　3　5　10　20　30　50　100　300 1000　15000

图 4.2　进出门时的照明方案

3. 穿着打扮

内玄关是出门前在室内打量自身穿着的最后场所。若是有座椅的设计（图 4.2 方案 1），可以在座椅上方安装直接型配光的筒灯，可以照亮座椅，方便穿脱鞋子。使用全身镜来打量自身穿着的时候（图 4.2 方案 3），可在镜子和人之间安装直接型配光的照明灯具，将光线调节至可以照亮人即可。图 4.2 方案 3 中，采用了多角度筒灯，调节照射方向以照亮人物。根据室内行为及推荐光照度的标准，当视线集中于镜子时，局部光照度一般为 300 ~ 750 lx（第 29 页表 1.3）。

4. 与室内装修相协调

很多内玄关会在高处设置收纳空间，因此在空间的上下方都设有建筑化照明（图 4.2 方案 4）。用遮光材料做收纳柜柜门，可以节省建筑化照明的装修费用。脚部照明可以让空间获得酒店般的精致感。

●脚部照明的注意点。

作为建筑化照明的脚部照明，在设计时要注意地板材质的光泽度。如果光泽感过强，则容易反光，很难获得预想的照明效果，且隐藏的照明灯具也会映射到地板上。此时应避免采用图 4.3A 中向下安装的方法，应采用图 4.3B 中水平安装灯具的方式，就可以避免灯具映射到地板上。此外，还需要注意截止线（第 61 页图 2.32）的问题。如果灯具的遮光范围较窄 [图 4.3B（a）]，则光线会照射到对面墙壁上，应将截止线对准墙壁尽头 [图 4.3B（b）]。

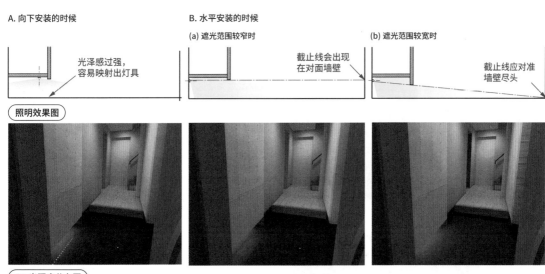

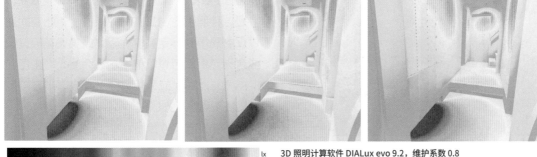

3D 照明计算软件 DIALux evo 9.2，维护系数 0.8
【反射率】天花板、墙壁：84%；墙壁：57%；
地面（走廊）：51%；玄关入口：5%（有光泽）

图 4.3　用于脚部照明的灯具安装位置的比较

第 4 章

充分发挥生活方式特点的分场景照明技巧

场景 2. 移动

住宅中主要的移动空间如走廊和客厅，不仅可以进行活动，也有连接各个房间的作用。一般来说，住宅中既有家人聚集在一起进行各项活动的客厅，也有放松休息的卧室。移动空间的功能并不局限于移动，在空间的墙壁上装饰艺术品、设置书架等，都可以使狭长空间具有一定功能性。

图 4.4 介绍了移动空间的照明案例。图 4.4A 是连接玄关的走廊案例，为了让空间不给人压迫感，采用筒灯引导至住宅内部。图 4.4B 在收纳柜处采用线形照明灯具，是集成于天花板的建筑化照明。这种设计不仅可以让天花板变得明亮，其反射光也可以照亮书架所在的铅垂面。

A. 筒灯案例

B. 内置照明的案例

C. 射灯案例

D. 吊灯案例

图 4.4 移动空间的照明案例
（A. 建筑设计、图片提供：SAI / MASAOKA 株式会社
B. 建筑设计：佐川旭建筑研究所
C. 建筑设计：O-WORKS 株式会社；摄影：松浦文生）

图 4.4C 是采用浇灌混凝土的方式建造的集体住宅的走廊，采用灯轨加射灯的组合，实现了照明的灵活性。图 4.4D 是一处丹麦住宅，采用了吊灯照射墙面艺术品的设计。灯具安装在走廊墙壁，既不会影响人行走，又可以给室内带来温暖的氛围，营造出一种小型画廊的舒适感。

移动空间的照明设计有 4 个关键点。图 4.5 介绍了移动场景的照明方案，下面我们会对这 4 点照明设计的理念进行逐一解说。

· 引导作用。
· 无障碍移动。
· 防止深夜醒来后无法入睡。
· 装饰作用。

1. 引导作用

移动空间的照明起引导作用。图 4.5 方案 1 中，将广照型筒灯按一定间距进行安装。由于可以等间距地照亮地板面，便于视觉上把握整个空间。这是普遍采用的照明方法，在功能上可以获得一定的明亮度，并节省成本。

图 4.5 方案 2 中，采用以万向筒灯照射房门的照明设计，通过刻意制造明暗对比，便于从视觉上把握房间的入口。同图 4.5 方案 1 相比，通过改变灯具的种类、配置、光线范围及光照角度，便使相同的空间具有了不同的风格。

图 4.5 方案 3 是在墙面上等距离安装了间接型配光的小型壁灯。灯具的光线通过营造天花板与地面的明暗对比来引起人视觉上的注意，从而实现向内部指引的目的。间接型配光的壁灯，由于看不见光源，因此不必担心产生眩光。但是这种照明方法是将天花板照亮，让空间通过反射光得到一定亮度，因此如果天花板过低或者天花板颜色过暗的时候，会使人产生压抑的感觉。此时，应采用直接型配光、半直接型配光或漫射型配光的壁灯。

图 4.5 方案 4 是以采用建筑化照明的檐口照明方式照亮墙壁整体的案例。通过强调走廊长度来实现移动方向的提示。在此方案中，如果采用轻薄的海报、照片等来装饰的话，可以让空间展现类似画廊的氛围。

方案 1. 安全平和的光

方案 2. 门前光

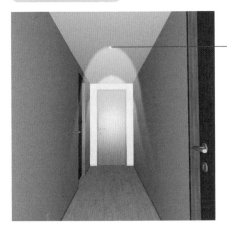

照明设计理念

采用广照型筒灯，并等间距安装，可以获得均匀的光线

采用集光型万向筒灯，可以照亮门的铅垂面和门前地板处

照明效果图

3D 光照度分布图

可突显门的存在感，营造出类似酒店的戏剧性效果

可以得到几乎相同的明亮度

0.1 0.2 0.3 0.5   1   2   3   5   10 20 30 50   100   300 1000 15000   lx

3D 照明计算软件 DIALux evo 9.2，维护系数 0.8
【反射率】天花板：84%；墙壁：57%；地面：51%

方案 3. 点状引导光

方案 4. 小型画廊式的光

照明设计理念

采用间接型配光的壁灯，可以避免眩光，又可以为空间增添适度的明暗差

采用建筑化照明的线形灯具照亮墙壁，不仅可以起到指引作用，还可以为观赏艺术品提供光线

照明效果图

3D 光照度分布图

在天花板上可以看到等间距的光亮，可以起到指引视线的作用

通过照亮墙面，可以为观赏艺术品提供光亮

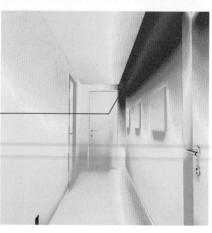

3D 照明计算软件 DIALux evo 9.2，维护系数 0.8
【反射率】天花板：84%；墙壁：57%；地面：51%

图 4.5　移动场景的照明案例

2. 无障碍移动

走廊多用于行走，一般宽度较小，因此照明灯具应避免自身对人的行动造成阻挡。图4.4D中，若要降低吊灯的高度，应注意选择即使摇晃也不会因触碰墙壁而破碎的小型灯具。

图4.5方案1和图4.5方案2将筒灯安装于天花板内、地脚灯安装于墙体内，图4.5方案4采用檐口照明，这些都是不会影响行走的照明方法。图4.5方案3在墙壁上直接安装壁灯，应注意避免妨碍人的移动和门的开关。下面是在走廊安装壁灯的注意事项：

· 是否突出墙面过多。
· 从侧面观看是否也可以保持美观。
· 安装的位置是否影响门的开合。

安装壁灯需要注意灯具是否突出墙面过多，以及从侧面观看是否美观。由于空间较为狭窄，如果突出墙面较多，会给人压迫感。因此就像图2.52（第71页）说明的那样，应选择较小的壁灯。

此外，由于视线随身体移动而移动，因此在选择灯具时，应选择从侧面观看也较为美观的灯具。由于产品名录的照片多为正面角度，因此需要在主页中确认产品的规格图（第45页图2.8）。

由于走廊上会安装门，为了避免影响门的开合，多会将灯具安装在门把手一侧。如果灯具形状是四方形，则安装时可将其高度同门的上方高度对齐（第72页图2.54），但需要确认平面图，看是否有安装灯具的空间。

3. 防止深夜醒来后无法入睡

表1.3（第29页）中介绍了人在室内的活动及推荐光照度的标准，此标准中显示了走廊、楼梯的基础光照度为30～75 lx，深夜照明的光照度标准为2 lx。随着年龄的增长，人的睡眠变浅，更应考虑深夜去卫生间的场景。因此在夜间移动时，可利用眼睛的暗适应，一般不使用室内照明。为了防止深夜醒来后难以入睡，应采用尽可能低的光照度。采用从下方照射的地脚灯（第66页图2.41），既可以防止光源处产生眩光，又可以照亮脚步。

有些地脚灯具有人感开关和光感开关。采用光感开关时，外部光线变暗，则灯会亮起，因此常作为小夜灯来使用。图4.6展示了地脚灯作为深夜照明的案例。在可以照亮脚周围的地板附近安装，还可以看到门及对面墙壁的下半部分，起到指引人到达目的地的作用。

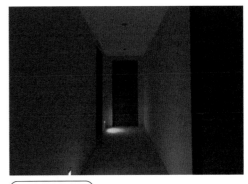

3D 光照度分布图

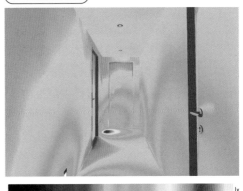

3D 照明计算软件 DIALux evo 9.2，维护系数 0.8
【反射率】天花板：84%；墙壁：57%；地面：51%

图 4.6　深夜移动时的照明案例

4. 装饰作用

图4.4B、图4.4D 两个案例，不仅在移动时，在驻足停留时也可以提高室内的视觉效果。在走廊，如果是墙壁较狭长的空间，可以像图4.5中的方案4一样，在墙壁上装饰艺术品。但需要注意，照明灯具应着重照亮外侧，而不是墙壁上的艺术品（第170页图4.62），比如可以采用檐口照明的方法。关于怎样安装有利于欣赏艺术品的照明，会在第170页进行详细说明。

场景 3. 上下楼梯

日本相关部门曾做过一次人口动态调查，死于意外事故的老年人中，以下列 3 种情况居多，顺序依次为：跌倒坠落、噎食窒息、意外溺水。这些死亡人数已超过交通事故的死亡人数，并有增加的趋势。因此在建筑内需要特别注意楼梯安全，因其会导致跌倒坠落的危险，这一点在照明设计中需要进行充分讨论。

上下楼梯是移动行为的一种，此处照明设计的关键同其他移动场景一样，应首先有利于引导，其次照明灯具应避免阻挡移动行为。在设计照明时，还应注意楼梯上不要出现人影。此外，如果深夜去卫生间时需要使用楼梯，则需要考虑防止让人深夜彻底醒来。

图 4.7 是楼梯照明的案例，都兼顾了后期的维护。图 4.7A 和图 4.7B 在扶手内侧设置了照明，图 4.7C 安装了地脚灯，图 4.7D 则安装了壁灯。图 4.7A 和图 4.7B 在木制扶手中内置了低电压的 LED 线形灯具，可以为扶手下方的墙壁和台阶提供连续光照。这样视觉上容易确认台阶，方便上下楼梯。也可以使用照明内置型的扶手产品（第 69 页图 2.48）。此外，两个案例都搭配使用了照射天花板的建筑化照明，由于上下楼梯会导致视线发生变化，因此在安装时应注意隐藏灯具。图 4.7C 采用地脚灯，使楼梯的明暗增加了一定规律，方便视觉上确认台阶。图 4.7D 通过在相同高度上安装两台直接 - 间接型配光的壁灯，提高了楼梯设计的整体感。

基于移动行为的照明设计的关键点，再加上另外 3 个关键点，我们来解说一下图 4.8 中不同楼梯照明方案的设计理念。为了理解楼梯的特征，我们模拟了用户上下楼梯的场景，并区分比较了向上看和向下看的不同视线。3 个关键点为：

· **高处的灯具维护。**

· **视觉辨识台阶。**

· **防止眩光。**

A. 扶手内侧内置照明

B. 扶手内置照明

C. 地脚灯

D. 壁灯

图 4.7　楼梯照明案例

（A、B. 建筑设计：O-WORKS 株式会社；摄影：松浦文生
C. 建筑设计：LAND ART LABO 株式会社、Plansplus 株式会社；摄影：大川孔三
D. 建筑设计：今村干建筑设计事务所；摄影：大川孔三）

1. 高处的灯具维护

照明灯具的维护不仅包括灯泡的替换，还包括清扫灰尘等。随着 LED 的普及，替换灯泡的频率减少了，但是根据照明计算上的维护系数，清扫的频率大概为一年一次（第 90 页表 3.2）。此外，楼梯有高低分层或者通高空间设计时，应在较容易维护的地方安装照明灯具。

方案 1. 起点和终点的光

照明设计理念

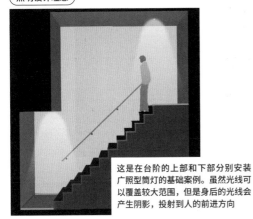

这是在台阶的上部和下部分别安装广照型筒灯的基础案例。虽然光线可以覆盖较大范围，但是身后的光线会产生阴影，投射到人的前进方向

方案 2. 增加开放感的光

照明设计理念

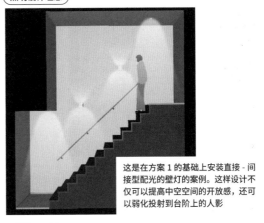

这是在方案 1 的基础上安装直接 - 间接型配光的壁灯的案例。这样设计不仅可以提高中空空间的开放感，还可以弱化投射到台阶上的人影

照明效果图 　　　向下看　　　向上看

照明效果图 　　　向下看　　　向上看

3D 光照度分布图 　　　向下看　　　向上看

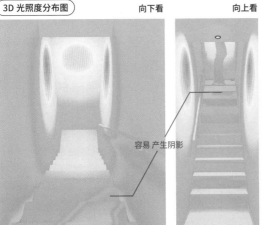

容易 产生阴影

3D 光照度分布图 　　　向下看　　　向上看

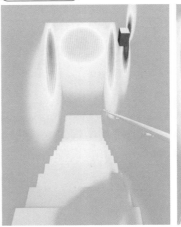

| 0.1 | 0.2 | 0.3 | 0.5 | 1 | 2 | 3 | 5 | 10 | 20 | 30 | 50 | 100 | 300 1000 | 15000 lx |

3D 照明计算软件 DIALux evo 9.2，维护系数 0.8
【反射率】天花板：84%；墙壁：57%；地面：51%

第 4 章

充分发挥生活方式特点的分场景照明技巧

方案 3. 创造升降节奏感的光

照明设计理念

这是在方案 1 的基础上安装向下照射的地脚灯，从而照亮台阶的案例。通过等间距的明暗差，强调了台阶的高度

照明效果图　　　向下看　　　向上看

3D 光照度分布图　　　向下看　　　向上看

0.1　0.2 0.3　0.5　1　2　3　5　10　20 30 50　100　300 1000　15000　lx

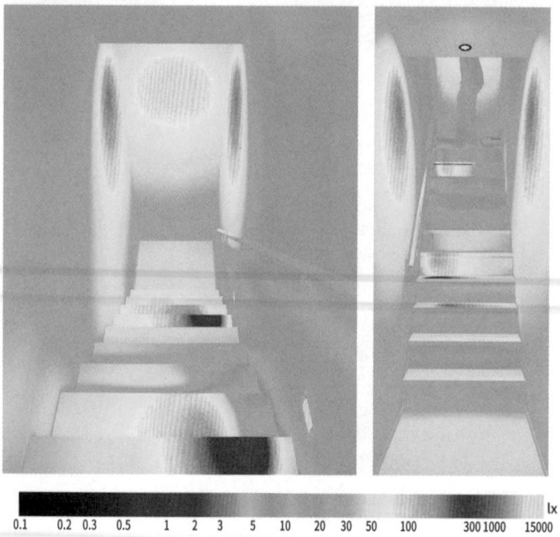

方案 4. 柔化阴影的散射光

照明设计理念

这是在方案 1 的基础上添加了漫射型配光的壁灯。通过从侧面照亮台阶来弱化人影，同时提高整个空间的明亮感

照明效果图　　　向下看　　　向上看

3D 光照度分布图　　　向下看　　　向上看

3D 照明计算软件 DIALux evo 9.2，维护系数 0.8
【反射率】天花板：84%；墙壁：57%；地面：51%

图 4.8　上下楼梯的照明方案

由于台阶的台面较窄，如果双手抬起来维护灯具，容易跌倒或坠落。因此在天花板上安装灯具时，一般要避免在楼梯中间安装，而是选择在一定的水平面安装，便于后期维护。

通常来说采用图 4.8 方案 1，将筒灯等直接型配光的灯具安装在楼梯的上方或下方的天花板上，让光线覆盖楼梯的整个范围。图 4.8 方案 2 以图 4.8 方案 1 为基础，在伸手容易触碰的高度上安装了壁灯。图 4.8 方案 3 将地脚灯等间距安装在较低的位置，方便进行维护。图 4.8 方案 4 则在容易放置梯子的位置安装了壁灯。

2. 视觉辨识台阶

楼梯由连续的台阶构成，有台阶高度差的地方容易产生阴影。此外，根据照明方法和灯具安装的位置，使用者的人影也容易落在楼梯上。通过图 4.8 的比较，图 4.8 方案 1 中只在楼梯的上方和下方安装照明灯具，当使用者下楼梯时，身后的照明会使人影落在使用者前进方向上的台阶处，因此需要在楼梯中部追加照明。

图 4.8 方案 2 是在两处安装了直接 - 间接型配光的壁灯。灯光向下照射，因此使用者的身影被弱化，而向上照射的光会提高楼梯上部空间的开阔感。此时需要注意的是，所选灯具突出墙面要比较小，才能避免对行动造成阻碍（第 71 页图 2.52）。图 4.8 方案 3 采用了从下方照射光线的地脚灯，这种局部照明即使会产生人影，也不会影响人的行动。图 4.8 方案 4 将壁灯安装于通高空间的上部侧面，在爬楼梯时不会和视线重叠，在下楼梯时则位于视线的正前方。采用漫射型配光的壁灯不仅可以提高中空空间的开放感，还可以照亮脚部。

3. 防止眩光

由于上下楼梯时视线会产生变化，因此需要注意避免产生眩光。在选择壁灯时，应注意是否可以安装灯罩或者遮光板等（第 71 页图 2.53）。此外，如图 4.7A，在进行建筑化照明的施工时，应讨论如何使照明灯具嵌入结构中，避免向下看时光线与视线重叠。

图 4.9 介绍了从上向下看的视点来安装灯具的案例。可以根据照明灯具的大小，来讨论建筑化照明的灯箱内深（a）和遮光高度（b）。

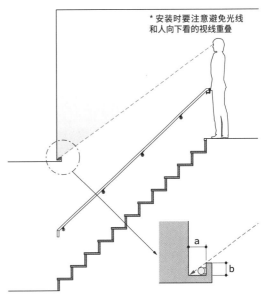

图 4.9　在楼梯上安装建筑化照明时需要注意的事项

●深夜上下楼梯。

为了防止用户深夜因照明太亮而彻底醒来，同其他移动场景相同，应考虑只在脚部设置光线。图 4.7B 中的照明设计是在扶手内置了照明，只点亮扶手处的照明时，图 4.10 显示了它的 3D 照明计算结果。这样设计不仅可以照亮台阶，还可以稍微照亮对面的墙壁，让用户的视线集中于脚下，便于攀爬楼梯。

3D 照明计算软件 DIALux evo 9.2，维护系数 0.8
【反射率】天花板：84%；墙壁：57%；地面：51%

图 4.10　楼梯深夜照明的案例

场景 4. 烹饪

烹饪过程中会使用料理工具（如刀具）和明火等，因此需要充足的光线。此外，为了确认食材是否新鲜，显色性也非常重要。烹饪过程中以下 3 点非常重要：

· 保证手部照明。
· 营造方便料理的光线。
· 显色性和食材。

1. 保证手部照明

保证手部照明是烹饪过程中照明设计的最低要求。图 4.11 中对此进行了解说。通常来说，要像图 4.11A 一样在操作台上方安装直接型配光的筒灯。图 4.11B 的操作台上方有吊柜，考虑到家具的摆放，为了使光线同等程度地照射到两边，在移动路线的中央部分安装了照明灯具。但这种情况由于光线是从人背后照射的，容易在手部产生阴影，因此很难保证"营造方便料理的光线"这一条。可见，像图 4.11C 一样安装橱柜灯或者像图 4.11D 一样安装手部照明非常重要。图 4.11D 采用了半直接型配光的吸顶灯，光线可以在空间内扩散，且不会产生明显的阴影，非常方便人进行各项操作。但是应注意灯具的大小和安装的位置，避免影响柜门的开合。此外，初期的平面图有时不会标出吊柜的位置，因此在照明设计中确认上方是否有收纳架或者吊柜等是非常重要的一环。

●选择手部照明时的注意事项。

在水槽和操作台上方如果安装了吊柜，可以参照图 4.11C 和图 4.11D 那样安装橱柜灯和手部照明，以确保手部有充足的光线。图 4.12 介绍了用于厨房的手部照明的案例。用于厨房的手部照明多安装于吊柜下方，因此多数照明是以大范围照射为主的广照型配光。此外，由于离眼部较近，在选择灯具造型和讨论安装方法时，应注意不要产生眩光。图 4.12A 和图 4.2B 中这种细长形状的灯具为一般型灯具，其明亮度可以随长度调节。有的灯具还内置了感应器和开关，方便就近控制。

此类灯具的安装方式有两种，即直接安装（比如安装在柜子下方）和墙壁安装，也有两用型的。

图 4.12A 和图 4.12B 的区别在于配光，图 4.12A 直接型配光的光线在下方，因此灯具的存在感较弱。

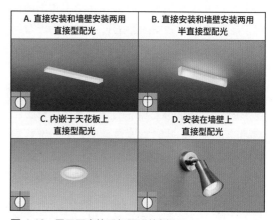

图 4.12　用于厨房的手部照明的例子
（图片提供：小泉照明株式会社）

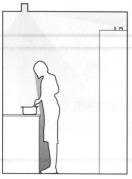 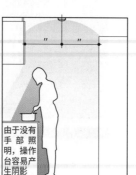 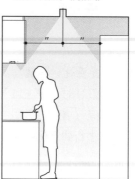 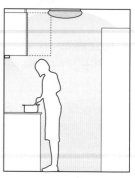

图 4.11　烹饪空间的照明设计注意事项

图 4.12B 是半直接型配光的两用型灯具，可安装在柜子板面和墙壁上，让墙壁变亮的同时，增加灯具的存在感。图 4.12C 是内嵌式的橱柜灯，也叫"展示灯"，多用于店铺陈列柜的照明。如果是装配式厨房的话，可以从厨房厂商的照明选项中选择。图 4.12D 射灯的灯头部分可以活动，因此可以调整照射范围。

通常情况下，筒灯的电源装置多安装在天花板处（第 48 页图 2.11）。橱柜灯的电源装置有内置型和外置型两种，还有同一个电源装置可以安装多台橱柜灯的类型（第 49 页图 2.14）。如果连接橱柜灯和电源装置的电线是专用配电电线，可根据长度将电源安装在其他地方。

2. 营造方便料理的光线

表 1.3（第 29 页）中显示厨房的局部光照标准是 200 ~ 500 lx，特别是水槽和煤气灶这些进行手部精细动作的地方，更是需要充分的明亮度。通常装配式厨房的抽油烟机排气扇的照明，可根据厨房厂商提供的选项来选择，需要确认其光色和明亮度。

3. 显色性和食材

图 1.26（第 24 页）介绍了控制波长的技术，您知道这种技术已经应用在超市中了吗？

例如，在肉类售卖区会提高红色系光的波长；而鱼类售卖区多使用蓝色系波长及高色温的光；在油炸食品等副食品区，为了强调温度，多使用低色温照明来提高消费者的购买欲望。

由于厨房的照明显色性较低，即使购买了新鲜的食材，做出的料理看上去也不那么美味。因此，如果想强调食材的颜色，应使用高显色性的灯具（第 15 页图 1.11）。但显色性只是在同样色温、同等光照度比较的情况下才会显现出优越性，要想充分发挥高显色性灯具的优越性，需要充分的明亮度。室内平均显色指数 R_a（第 14 页）推荐在 80 以上。

●光线和味觉的关系。

光线会对味觉造成影响已是烹饪领域的常识。通过以往的研究[1]我们知道，在色温越高且光照度越高的环境下，人对苦味和酸味会越敏感，而低色温有助于唾液分泌，进而帮助食物消化。由于苦味是有毒物质的信号，酸味是变质腐烂的信号，因此在烹饪过程中使用高色温和高光照度的照明，有利于辨别食物的新鲜程度。此外，在进食时采用低色温照明营造放松氛围，可以促进消化。

图 4.13 中介绍了开放式厨房中根据不同的行为，所采用的不同的可调色、调光的照明灯具。

A. 有利于烹饪、学习等行为的光线
日光色，高光照度

B. 有利于进餐行为的光线
暖白色，高光照度或可调光

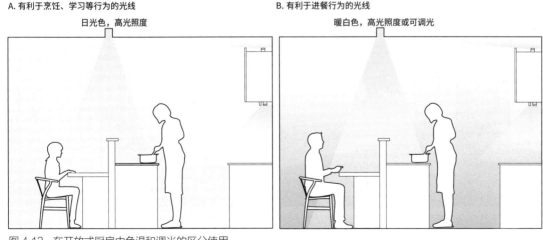

图 4.13　在开放式厨房中色温和调光的区分使用

[1]［日］胜浦哲夫 . 各种感知的方法——光对味觉和时间感的影响 . 照明学会会刊，2007，91（10）：651-654.

在室内适合高色温及高光照度的行为有烹饪和学习（第157页）。图4.13A中，一方面，孩子的学习行为和家长的烹饪行为同时进行时，采用高色温及高光照度的照明，既可以提高对味觉的敏感度，同时还可以保持清醒的头脑。另一方面，当烹饪告一段落开始进食时，应采用图4.13B中的暖白色灯光，这样有助于消化。这种开放式厨房，厨房和餐厅连成一体，在操作台的上方安装可调色、调光的照明或者可以切换光色的照明，可以同时对烹饪和学习两种行为予以光照的辅助。

图4.14介绍了烹饪空间的案例。4个案例都使用了直接型配光的照明，以确保操作台的明亮度。图4.14A灯具安装在水槽上方的架子上，由于天花板照明光线会在手部产生阴影，因此在架子下方的厚木板内安装了橱柜灯。图4.14B采用了双灯式万向筒灯，避开抽油烟机安装，可以调整照射方向。图4.14C在上方开阔空间安装了建筑化照明的橱柜灯，其照射角度可以调整。用于建筑化照明的照明灯具水平安装时，光线既可以照向远方，又可以为橱柜灯的安装留有空间（第64页图2.40C）。图4.14D为了让视线可以通过楼梯的中空处，采用筒灯来确保手部照明。

图4.15是灯具不能嵌入天花板的案例。图4.15A和图4.15B都在木结构的内部灵活设计了照明，但是不能使用筒灯。这样的情况下，也可以利用装修材料打造建筑化照明。

A. 在悬吊的板材上安装橱柜灯的案例

B. 采用双灯式万向筒灯的安装案例

C. 设计建筑化照明，并将橱柜灯安装在内的案例

D. 采用筒灯的案例

图4.14 烹饪空间的照明案例
（A. 建筑设计：TKO-M.architects；摄影：Tololo Studio
B. 建筑设计：LAND ART LABO 株式会社、Plansplus 株式会社；摄影：大川孔三
C、D. 建筑设计：O-WORKS 株式会社；摄影：松浦文生）

A. 在横梁侧面安装线形灯具的案例

B. 在横梁上安装射灯的案例

案例 A 中灯具安装的示意图

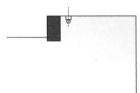

案例 B 中灯具安装的示意图

图 4.15 利用装修材料打造厨房照明设计的案例
　　（A. 建筑设计：里山建筑研究所
　　B. 建筑设计、图片提供：水石浩太建筑设计室）

图 4.15A 是利用室内的装修材料设计成建筑化照明的案例。厨房操作台的上方刚好有一个横梁，因此在其内侧安装了细管状的荧光灯。这种设计既可以给厨房和餐厅的整个空间提供全局光照，又可以为厨房提供局部照明。即使从餐厅向厨房看去，厨房的光线也很充足。

图 4.15B 为了突显屋顶的建筑构造进行了翻修，在横梁下方安装了灯轨，使用射灯作为厨房的局部照明。此外，在横梁上方安装了轻薄型的线形 LED 作为建筑化照明；然后将墙壁涂白，通过有弧度的天花板反射的光线作为室内的基础照明。

图 4.16 介绍了两个开放式厨房的照明方案。图 4.16 方案 1 中厨房的操作台较大，另一侧可充当餐桌。简单的餐饮、饭后小酌等都可以适当改变光线，营造各种舒适氛围。在操作台处，为了营造出酒吧的氛围，对照明做了适当调整。首先是利用厨房和餐厅天花板的不同高度，打造了凹槽照明，烹饪时可以确保手部光线，空间整体也较为明亮，让人可以享受烹饪的时光。其次，通过降低厨房以外的空间明亮度，并安装可照射操作台下方铅垂面的建筑化照明，营造出类似酒吧吧台的氛围。

图 4.16 方案 2 中厨房和天花板的高度相同，只是桌面的高度不同。在餐厅的餐桌上方悬挂咖啡厅式的小型吊灯，不仅可以划分烹饪和进餐的空间，而且也有装饰的效果。

在厨房，可以利用柜子上方的凹槽安装照明，照亮天花板，确保一般照明。还可以采用橱柜灯作为手部照明，厨房操作台上方安装直接型配光的筒灯，满足局部照明的需求。

方案 1. 操作台的间接光

配光示意图和照明要素的组合

在橱柜的上部凹槽安装了带状灯

利用天花板的高度差设计了建筑化照明，采用凹槽照明与万向筒灯

在橱柜的下方也安装了带状灯

吊灯

安装带状灯的操作台的侧面照明

料理晚餐时

操作台侧面的照明：关；其他：开

晚餐后在操作台上小酌

凹槽照明、吊灯：关；操作台下方照明：开

3D 光照度分布图

3D 光照度分布图

lx
0.1 0.2 0.3 0.5 1 2 3 5 10 20 30 50 100 300 1000 10000

3D 照明计算软件 DIALux evo 9.2，维护系数 0.8
【反射率】天花板：70%；墙壁：50%；地面：26%

方案 2. 营造咖啡厅式的光效便于畅谈

配光示意图和照明要素的组合

双灯式四角形筒灯
（广照型配光）

筒灯（中等角度配光）

利用收纳柜上方的空间
做建筑化照明

抽油烟机（内置照明）

采用轻薄型筒灯作为
橱柜下方照明

吊灯

享受咖啡厅式的氛围

烹饪中确保操作台的明亮度

3D 光照度分布图

3D 光照度分布图

0.1 0.2 0.3 0.5   1   2   3   5   10   20 30 50   100   300 1000 15000 lx

3D 照明计算软件 DIALux evo 9.2，维护系数 0.8
【反射率】天花板：70%；墙壁：50%；地面：26%

图 4.16　开放式厨房的照明方案

场景 5. 进餐

对于进餐这一行为来说，食物的品相是非常重要的，照明的作用可想而知。做好照明，不仅关乎食物的品相，还需要考虑如何模拟一起进餐的人的面部光线（第 12 页图 1.6）。

在餐厅中，为了强调食物，往往会采用射灯照射餐桌。但这种指向性非常强的光线，容易让进餐人的面部产生阴影，同时可能产生眩光。

符合进餐这一行为的照明，不仅要有利于进餐者惬意地品尝食物，有助于消化，从而维持身体健康，而且也要有促进家人和睦的功能，让家人通过愉快交谈来驱赶一天的疲惫。因此设计进餐空间的照明，有以下 4 点需要注意：

· 营造餐桌的用餐氛围。
· 有助于消化。
· 使得食物看起来更加美味。
· 适当聚焦。

1. 营造餐桌的用餐氛围

室内餐厅的全局光照为 30 ～ 75 lx，餐桌的局部光照为 200 ～ 500 lx，可见室内全局光照和局部光照有较大差异（第 29 页表 1.3）。通过提高餐桌的明亮度，可以让视线向餐桌集中，营造出专心用餐的氛围。此外，全局光照较低、局部光照较高这种设计，也可以提高餐桌的存在感。

2. 有助于消化

推荐使用暖白色的照明来营造悠闲放松的进餐氛围。此外，前面提到过光线和味觉的关系，比起白光，暖白光更利于促进唾液的分泌（第127 页），从而有助于消化。

3. 使得食物看起来更加美味

图 4.17 比较了相同食物在显色性较低的 LED（图 4.17A）和白炽灯（图 4.17B）下分别显现的颜色。LED 初期产品也有这种显色性较低的产品。现在人们会觉得显色性较低的灯

具无论在食物呈现效果上还是价格上都比较逊色。因此，根据前面提到过的内容，室内显色性 R_a 一般至少为 80 以上。随着 LED 不断高显色性化，现在的 LED 一般都满足 R_a 达到 80 的要求，少数还有 R_a 达到 90 以上的高显色性产品。

从观看食物色泽的角度来说，采用显色性较高的照明会使食物的颜色看上去较为鲜艳。但是高显色性会使灯光较暗，需要平衡亮度。

即便是相同色温，普通型和高显色性的光照颜色看上去也略有不同。照射食物的局部照明采用高显色性灯具较好，一般照明则可以采用普通型 LED 来照亮墙壁和天花板。通过采用不同的照明照射不同的场所，来减轻这种不和谐感。

A. 使用显色性较低的 LED 时　　**B. 使用白炽灯时**

图 4.17　显色性的比较

4. 适当聚焦

图 4.18 介绍了采用射灯来照射餐桌的案例。一方面，有指向性的光线可以增加玻璃餐具的光泽感，突显菜肴上冒出的热气等，使得菜肴看上去更好吃。另一方面，在进餐时，如果只采用局部照明来照亮餐桌，会让进餐人面部产生阴影。因此，为了避免这种情况发生，应组合使用一般照明。

图 4.18　突显料理的照明案例

①餐桌布置的花样。

可以根据餐桌的摆放来选择照明手法。但是也有在设计照明时，餐桌的大小和安装位置还没有确定的情况，此时需要随机应变，根据设计的时间来讨论照明手法。图4.19介绍了不同情景下餐桌上方的照明设计手法。

当餐桌位置确定时，在餐桌的正上方安装筒灯或吊灯为一般方法。图4.19A中采用筒灯照射餐桌面，这种局部照明可以确保餐桌光线的明亮度，但是会使用餐人的面部看上去较暗，因此应搭配使用直接型配光以外的照明手法。图4.19A中搭配使用了凹槽照明来照亮天花板，提高了空间整体的明亮度。图4.19B则采用了吊灯，但在安装时应考虑用餐人坐立时的高度，来选择灯具样式和悬挂高度（第77页图2.63）。一般可安装于距桌面0.7~0.8 m

当餐桌位置确定时

A. 筒灯 + 凹槽灯

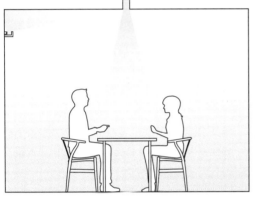

采用直接型配光的筒灯，可以满足餐桌上的局部光照，但是进餐人面部容易出现阴影，因此应搭配使用直接型配光以外的照明手法

B. 筒灯 + 吊灯

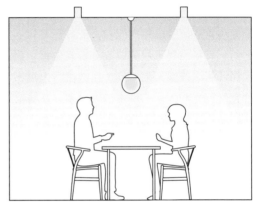

采用了漫射型配光的吊灯，可以使空间整体笼罩在柔光中。由于餐桌局部光照不足，因此搭配使用了间接型配光的灯具

当餐桌位置不确定时

C. 使用万向筒灯 + 壁灯

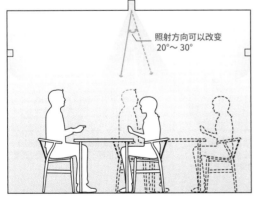

照射方向可以改变 20°~30°

采用万向筒灯，调整角度为20°~30°。由于筒灯可以调整照射方向，餐桌可以适当调整位置。为了避免进餐人面部出现阴影，应搭配使用直接型配光以外的照明灯具

D. 射灯（采用灯轨）

采用轨道射灯，在灯轨的长度范围内可以改变射灯的位置。可以根据照射对象改变光照范围，比如照射餐桌使用集光型，照射人的面部则使用广照型

图4.19 根据餐桌位置确定与否来设计照明

的位置，实际可根据用餐人的身高进行调整。另外，为了防止眩光，需要确认光源是否不易与视线重叠，以及是否有灯罩等。图4.19B中采用了漫射型配光的吊灯，由于餐桌面上没有局部照明，因此可以搭配使用直接型配光的筒灯或射灯等。

当餐桌位置不确定时，也就是进行照明设计时还不能确定餐桌的大小和位置，则可以估计大致位置来进行照明配置。图4.19C采用万向筒灯和壁灯搭配，图4.19D采用轨道射灯。两种主灯的照明方向可以调整，因此可以根据家具的位置来进行调整。但万向筒灯只可以在20°～30°的范围内调整角度，没法应对大幅度位置的调整。相对而言，安装在灯轨上的射灯，其特点是不仅可以改变安装位置，射灯自身还可以改变照射方向，且数量可以增减。而且射灯光照范围的种类较为丰富，在餐桌处可以使用局部照明的集光型，缓和用餐人面部阴影时则可以使用一般照明的广照型，两者可区分使用。

②**选择不同配光的吊灯。**

在餐桌上使用吊灯，不仅可选种类较丰富，且可以起到装饰空间的效果。图4.20比较了不同配光的吊灯的照明效果。表1.4（第32页）列举的6种类型的灯具中，直接型（图4.20A）、半直接型（图4.20B）、直接-间接型（图4.20C）这3种配光较适合作为餐桌的局部照明类型。

直接型配光（图4.20A）的灯具，灯身不发光，因此天花板会较暗，但是光线可集中于餐桌处，提高餐桌的焦点效果。半直接型配光（图4.20B）的灯具，灯身发光，因此也会照亮天花板。直接-间接型配光（图4.20C）的灯具，不仅可以做局部照明，而且灯具上方发出的光可以照亮天花板，通过反射可以达到间接照明的效果。

此外，不仅是明亮度，设计灯具时还需要考虑餐桌的形状和大小。图2.64（第77页）中采用多个吊灯时，不仅可以保持餐桌纵轴上的明亮度，也可以营造出热闹的气氛。

接下来我们根据进餐空间照明设计的关键点，并结合3D照明计算结果来介绍照明方案。

A. 直接型配光

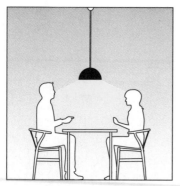

采用直接型配光的吊灯，餐桌既可以获得光亮，又可提高餐桌的焦点效果

B. 半直接型配光

这个吊灯的外部为乳白色灯罩，作为半直接型配光的灯具，它既可以照亮餐桌，又可以照亮用餐人的面部，还可以稍微照亮天花板

C. 直接-间接型配光

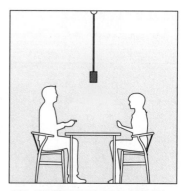

直接-间接型配光的吊灯不仅可以照亮餐桌，同时可以照亮天花板，起到间接照明的效果

图4.20　各种配光吊灯的照明效果的比较

方案 1. 享受艺术和美味的光

图 4.21 方案 1 采用吊灯作为局部照明，使目光聚焦于餐桌。此吊灯为灯身发光的半直接型配光，可以照亮天花板。选择灯具和指定悬挂高度时应考虑用餐人的坐立高度，防止产生眩光。

此方案结合使用了整体照明的洗墙筒灯，通过照亮墙壁，提升了房间整体的明亮感，同时在视觉上增强了空间的开阔感。

局部照明：吊灯（半直接型配光）+ 一般照明：洗墙筒灯

配光示意图和照明设计理念

如果墙壁为装饰墙，布置了艺术品等，可以采用洗墙筒灯照亮墙面，通过墙面的反射光提升室内整体空间的明亮度。如果墙壁挂的是装饰画，可以采用万向筒灯，突显画作的存在，营造一种戏剧性效果

这是一般照明结合半直接型配光灯具的设计案例。嵌入天花板内的灯具存在感较低，于是吊灯成为视觉焦点。吊灯自身散发出柔和的光线，下方又可以获得直接光线

照明效果图

3D 光照度分布图

0.1 0.2 0.3 0.5 1 2 3 5 10 20 30 50 100 300 1000 15000   lx

3D 照明计算软件 DIALux evo 9.2，维护系数 0.8
【反射率】天花板：70%；墙壁：70%；地面：20%；桌面：22%

图 4.21 采用 3D 照明计算软件显示进餐空间的照明设计方案 1

方案 2. 展现餐桌上食物的光

这个方案（图 4.22）采用了中等角度的万向筒灯作为局部照明，可以根据餐桌上菜肴的位置对光线进行调整。此方案中局部照明的存在感较小，于是漫射型配光的壁灯成了视觉焦点。壁灯不仅照亮了墙面，还使天花板和家具等获得光亮，提升了视觉上的明亮感。

局部照明：万向筒灯 + 一般照明：壁灯（漫射型配光）

配光示意图和照明设计理念

采用漫射型配光的壁灯，由于灯身发光而成为视觉焦点。但如果壁灯过于明亮，会减弱餐桌的存在感，因此可以采用具有调光功能的灯具来调节光线

万向筒灯光线扩散范围的种类较为丰富，可以根据餐桌的大小来讨论光线的配置。注意，如果光线过于集中，则人的面部容易出现阴影

照明效果示意图

3D 光照度分布图

3D 照明计算软件 DIALux evo 9.2，维护系数 0.8
【反射率】天花板：70%；墙壁：70%；地面：20%；桌面：22%

														lx
0.1	0.2	0.3	0.5	1	2	3	5	10	20	30	50	100	300 1000	15000

图 4.22　采用 3D 照明计算软件显示进餐空间的照明设计方案 2

方案 3. 让餐桌色彩缤纷的光

此方案（图 4.23）采用灯轨安装射灯，灯具可以随意移动照射桌面。此时，可以采用光的扩散范围较为丰富的射灯，搭配集光型和广照型的灯具来照亮餐桌，不仅可以给餐桌提供光线，还可以照亮用餐人的面部。

如果只采用射灯，人的面部容易产生阴影，因此可采用半间接型配光的大型落地灯进行补充，增加天花板的反射光，使得用餐人面部看上去较为柔和。

除此之外，还可以在装饰架上使用半直接型配光的台灯和射灯来照射观赏用绿植，以增强装饰效果。

局部照明：射灯 + 一般照明：落地灯（半间接型配光）

配光示意图和照明设计理念

采用集光型射灯来照亮观赏用绿植等，增强空间上的开阔感

采用集光型的射灯照射墙壁上的艺术品，可以营造出餐厅的氛围感

采用半间接型配光的落地灯，可以照亮天花板

采用广照型射灯作为局部照明来确保餐桌上的光线。需要注意光的扩散范围，避免让人的面部产生明显的阴影

采用有灯罩的台灯，这种半直接型配光的台灯从灯罩处透出柔光，可增强装饰架的装饰效果

照明效果示意图

3D 光照度分布图

3D 照明计算软件 DIALux evo 9.2，维护系数 0.8
【反射率】天花板：70%；墙壁：70%；地面：20%；桌面：22%

| 0.1 | 0.2 | 0.3 | 0.5 | 1 | 2 | 3 | 5 | 10 | 20 | 30 | 50 | 100 | 300 | 1000 | 15000 | lx |

图 4.23 采用 3D 照明计算显示进餐空间的照明设计方案 3

方案 4.集中感和开放感并存的光

在倾斜天花板上安装凹槽照明时,通过提高天花板的反射率,可以营造明亮的氛围(图4.24)。如果材质的反射率较低(如木材),可以强调空间整体的幽暗感。图2.33(第61页)中介绍了从较低的高度照射时,光线容易出现优美的渐变,因此可以通过选择安装方向和灯具配光来改善照明效果(第64页图2.40 B)。

餐桌的大小和位置确定后,可以搭配使用吊灯作为局部照明,实现点缀空间的效果。需要注意的是,要事先确认选择的吊灯类型是否可以安装在倾斜天花板上(第192页图5.4)。

局部照明:吊灯 + 一般照明:凹槽照明

配光示意图和照明设计理念

此方案是用凹槽照明提升空间感的案例,采用建筑化照明的专用线形灯具,强调倾斜天花板上方空间的高度。连续的光照可以得到光线渐变,因此灯具间不需留空隙

半直接型配光的吊灯作为餐桌的局部照明,也可以起到装饰空间的效果

照明效果示意图

3D 光照度分布图

3D 照明计算软件 DIALux evo 9.2,维护系数 0.8
【反射率】天花板:70%;墙壁.70%;地面 20%;桌面 22%

0.1 0.2 0.3 0.5   1   2   3   5   10 20 30 50   100   300 1000 15000 lx

图 4.24 采用 3D 照明计算软件显示进餐空间的照明设计方案 4

方案 5. 随意优雅的集中光

采用建筑化照明将灯具安置于窗帘盒中作为一般照明（图4.25），通过强调天花板的高度，营造出空间的开阔感。在设计照明时，如果没有确定餐桌的大小和位置，局部照明可以采用可调整角度的万向筒灯。

采用万向筒灯照射餐桌面时，为了避免人的面部产生明显的阴影，应选择广角配光的灯具。如果墙壁上有装饰画等装饰物时，采用用于倾斜天花板的筒灯来照射，不仅可以提升装饰效果，还可以营造空间上的开阔感。

局部照明：吊灯 + 一般照明：凹槽照明

配光示意图和照明设计理念

利用窗帘盒安装线形灯具作为建筑化照明，可以提升倾斜天花板上方空间的开阔感

在倾斜天花板上使用万向筒灯，可将照射方向调节至正下方

采用用于倾斜天花板的筒灯，可以照射墙壁上的艺术品

照明效果示意图

3D 光照度分布图

3D 照明计算软件 DIALux evo 9.2，维护系数 0.8
【反射率】天花板：70%；墙壁：70%；地面：20%；桌面：22%

0.1 0.2 0.3 0.5   1   2   3 5   10 20 30 50 100 300 1000 15000   lx

图 4.25 采用 3D 照明计算显示进餐空间的照明设计方案 5

图 4.23 方案 3 中采用了灯轨搭配射灯的照明手法，在餐桌位置还没有确定或者客人数量增加时，都可以灵活应对。图 4.26 介绍了图 4.23 方案 3 的应用案例，当餐桌为 6 人座时，其 3D 光照度分布图如图 4.26 右图所示。将射灯方向从照射观赏用绿植改变为照射餐桌，并且增加射灯数量，便可以大范围照亮餐桌面。

图 4.27 介绍了厨房的照明案例。图 4.27A 安装了 3 个吊灯来覆盖整个长方形餐桌。吊灯是直接型配光的灯具，造型简约，V 形的悬挂造型可以提高灯具的存在感。

图 4.27B 厨房的操作台同时是餐厅的餐桌，这是一个一体化装修的案例。因为有悬挂板装饰，因此采用橱柜灯和筒灯搭配，既可以不突显灯具的存在感，又可以保证桌面的明亮度。

如上所述，通过组合照明手法，可以营造出各种各样的氛围。在进餐空间里导入调光灯具，可根据使用场景来调整一般照明和局部照明的灯具发出不同光照度的光线，这样可以实现餐桌的聚焦效果。

方案6. 方案 3 应用案例：6 人座餐桌的光线设计

照明效果示意图

3D 光照度分布图

图 4.26 方案 3 中餐桌为 6 人座时的照明设计

A. 采用吊灯的照明效果

B. 采用橱柜灯和筒灯的照明效果

图 4.27 餐厅的照明案例
  （A. 建筑设计：LAND ART LABO 株式会社、Plansplus 株式会社；摄影：大川孔三
  B. 建筑设计：TKO-M archites；摄影：Tololo Studio）

场景6. 休憩

　　休憩的场所主要是客厅。"一室一灯"的设计是无法实现调节功能的，因此休憩空间特别需要基于多灯分散照明的设计理念来进行照明设计。客厅全局光照的光照度标准（第29页表1.3）为30～75 lx，局部光照和全局光照有明显的差距，不同行为的局部光照的标准如下：

· 团聚、娱乐（包含轻阅读）：150～300 lx。
· 阅读：300～750 lx。
· 手工艺（包含缝纫）：750～1500 lx。

　　此处的休憩是指晚餐后悠闲地度过夜晚生活的一环，本书将其作为进餐至就寝之间的一个中间环节来考虑，并以此为前提进行解说。

　　在阅读或者做手工艺（包含缝纫）时，需要较高的光照度，不利于睡眠。而且与进餐不同，这些行为并非每天都会发生，因此针对这些活动，比起常设照明，采用可移动的台灯更为适宜。

　　在休憩空间中，常设照明的局部光照的光照度标准要以行为（团聚、娱乐）主体为准。在本章第2节中（第163页）解说了不同光线的应用方法，以便使我们更好地享受日常生活。休憩空间的照明设计有以下4个关键点：

· 有利于睡眠。
· 降低光照重心。
· 防止眩光。
· 可灵活应对不同行为。

1. 有利于睡眠

　　晚餐后，休憩空间的照明应有利于营造放松的氛围，有助于向睡眠行为过渡。光线可以调节褪黑素的分泌（第16页图1.12），进而影响睡眠。在白天，人们需要充分沐浴太阳光，而随着自然光的色温和明亮度的变化，晚餐后，人应在低色温和低光照度的光照环境中度过睡前时光。

2. 降低光照重心

　　图4.28介绍了厨房、餐厅、客厅一体化空间的光照重心的变化。这里的光照重心并非指照明灯具的高度，而是指灯具照射空间的高度。随着从厨房向客厅、餐厅移动，人的主要行为也有所变化，高度随之呈降低趋势。而人在坐下后高度变低，灯具照射空间的高度和明亮度都要有所变化。降低光照重心有以下几种照明手法：

· 采用可防止眩光的灯具。
· 照射墙壁的铅垂面。
· 使用台灯（落地灯）。

　　无论采用哪种照明方法，其关键点在于不要使天花板过于明亮。采用可防止眩光的灯具，能够抑制灯具自身的存在感，通过照射桌面等水平面来降低光照重心。第142页图4.30下图，通过照射墙壁的铅垂面，可以在水平方向指引视线。有些台灯（落地灯）也可以通过调整配光来达到降低光照重心的效果。

根据人的不同姿势的高度来调整光照重心的位置

图4.28　厨房、客厅、餐厅一体化空间的人的姿势和明亮度中心位置的变化

3. 防止眩光

休憩这一行为由于姿势比较低，上方的光线较容易进入视野。因此在天花板上安装照明灯具时应注意不要产生眩光，比如选择直接型配光灯具时就要选择防眩光的种类。如果采用建筑化照明，可以隐藏灯身以防止产生眩光，同时柔和的光线可营造一种放松的氛围。

4. 可灵活应对不同行为

休憩空间多会进行聊天、看电视、轻读书等行为，在设计照明时应追求光线的可变性。光线的可变性指的不仅是照明位置，还包括照明开关、调光功能等，这些都可以根据不同的照明场景来使用。比如读书、做手工艺等，只需要确保手部光线充足即可，因此推荐使用台灯。而像看电视、聊天等，使用稍微幽暗一点的光线，更能营造出放松的氛围。

此外，和上述防止眩光的关键点有关，如果灯具附带调光功能的话，有利于抑制眩光的产生。因此，可根据照明手法来使用调光器，如果是有场景记忆功能的调光器，则可以根据不同行为调节相应的光线。

图 4.29 介绍了有场景记忆功能的调光器。通过在不同线路上组合喜欢的光照度和光色形成固定场景，不仅可以用主机，还可以用分机或者遥控器再现此场景。并且现在能用无线网络控制的灯具也逐渐增多，下载智能手机专用的应用软件，也可以控制照明灯具。

图 4.30 介绍了休憩空间中为应对各种行为而做的照明设计的案例，两张图片是从不同角度拍摄的同一空间的照片。为了实现多种应对休憩行为的照明设计，组合使用各种照明手法是非常重要的。此案例的照明灯具有：露台上配置的壁灯和可充电的桌面台灯，室内灯具包括嵌入天花板内的双灯和万向筒灯、电视墙上方的檐口照明、沙发旁边的落地灯，室外院落中使用了插地式射灯来照亮庭院中的树木，让室内外呈现空间上的整体感。

从照明手法上，通过降低天花板的亮度，让光照重心降低，营造出一种放松的氛围。此外，这些照明灯具采用了可记忆场景的调光器进行统一控制，可根据不同的行为调节灯具明暗，从而实现改变照明场景的效果。

图 4.30　可灵活应对不同行为的客厅照明设计案例
（建筑设计：LAND ART LABO 株式会社、Plansplus 株式会社；摄影：大川孔三）

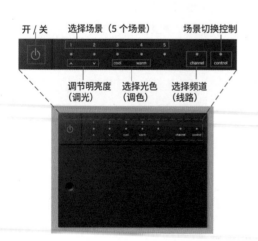

开/关　　选择场景（5 个场景）　　场景切换控制

调节明亮度　选择光色　选择频道
（调光）　　（调色）　　（线路）

图 4.29　可记忆场景的调光器（4 条线路、5 个场景）
（图片提供：小泉照明株式会社）

场景 7. 观察面部

观察面部这一行为主要发生在化妆和剃须时，需要确保充分的明亮度。而且不仅是明亮度，由于面部有凹凸，还需要考虑光的强度和照射角度对面部显现效果所产成的影响（第 12 页图 1.16）。此外，从观察脸色来说，还需要注意光的显色性。观察面部的照明设计有 3 个关键点：

· 确认面部。
· 防止产生面部阴影。
· 完美呈现肌肤色泽。

1. 确认面部

表 1.3（第 29 页）中列举的行为和推荐的光照度中，洗漱区的全局光照度标准为 75 ～ 150 lx，剃须和化妆时的局部光照度标准为 200 ～ 500 lx。需要注意，此时的局部光照度为面部的铅垂面光照度。

图 4.31 中介绍了洗脸时的全局照明和局部照明的设计理念。箭头方向为照度计集光部的方向（第 91 页图 3.6），测定全局光照度时，照度计需在洗手台水平面高度，测定铅垂面的局部光照度时，照度计需在头部高度，且要面向镜子。

如图所示，为了确保洗手台的明亮度（全局照明），采用直接型配光的筒灯，同时采用漫射型配光的壁灯照亮面部，这样面部所在的铅垂面便可以获得局部照明。筒灯的位置不要在房间中央（图 4.31A），而应在人所站立的靠近镜子这一侧的位置（图 4.31B），可以避免面部在洗手台产生阴影。

A. 会在洗手台处产生阴影
B. 可以清晰看到人的面部

图 4.31　洗手台位置的全局照明和局部照明的设计理念

2. 防止产生面部阴影

由于筒灯和射灯从上方照射，面部容易出现阴影，且光的扩散范围越小，产生的阴影越明显。一般来说，为了避免面部产生阴影，应采用漫射型配光的壁灯，从两侧照亮面部。

随着 LED 照明的普及，现在开发出了很多灯镜一体式产品。图 4.32 介绍了一款灯镜一体式产品，圆环状的发光部分是内置于镜内的 LED 照明。这个产品为可伸缩式，可以将镜子拉到近处，让光线更足，从而仔细观察面部状况。

图 4.32　内置 LED 的可伸缩式镜灯
〔图片提供：OLYMPIA LIGHTING 株式会社（Miior 公司）〕

3. 完美呈现肌肤色泽

为了评价肌肤的色泽，通常采用特殊显色指数，即 R_{13}（白种人肤色）和 R_{15}（黄种人肤色）。图 1.24 ～ 图 1.26（第 24 页）介绍过，采用长波长的光线（红色系），抑制短波长的光线（黄色系），可以使肤色看上去更加美丽。照明厂商如今不仅从高显色性出发，还以如何完美呈现肌肤色泽为宣传亮点进行产品开发。LED 照明为了提高显色性，会提高红色系波长的光的比例，因此 R_{15} 数值较高的 LED，一般来说平均显色指数 R_a 也会较高。

图 4.33 介绍了洗手台的照明案例。图 4.33A 外侧为洗手台和坐便器，内侧为浴室，构成了整个空间。外侧在镜子旁安装壁灯作为局部照明，并搭配筒灯作为一般照明来使用。

D. 建筑化照明搭配筒灯的案例

图 4.33　洗手台的照明案例
（A. 建筑设计：今村干建筑设计事务所、东出明建筑设计
　　事务所；摄影：金子俊男
　B. 建筑设计：ACETECTURE
　C. 建筑设计：O-WORKS 株式会社
　D. 建筑设计：LAND ART LABO 株式会社、Plansplus
　　株式会社；摄影：大川孔三 ）

图 4.33B 在镜子两侧安装了无点状线形照明，从两侧照亮面部。为了避免眩光，采用了调光器来调节亮度。此外，线形照明的长度和镜子的高度相同，增强了洗漱区的空间整体感，并且搭配了漫射型配光的筒灯，方便沐浴。图 4.33C 在收纳镜柜上下设计了建筑化照明，实现了照明与镜子的一体化。并且采用筒灯的直射光，保证洗手台拥有充分的光线。图 4.33D 将照亮天花板的建筑化照明作为一般照明，搭配使用广照型的筒灯作为局部照明。

图 4.34 为了检测人的面部视觉效果，比较了 3 种照明方案。图 4.34 方案 1 遵循了图 4.31B 的照明理念，即采用优先面部视觉效果的照明手法。采用的照明灯具为 60 W 功率的筒灯和壁灯，以此为空间基准明亮度。

图 4.34 方案 2 的墙壁安装了收纳镜柜，即使使用壁灯，下方也会被柜体遮挡。因此采用两盏广照型筒灯，从面部两侧进行照明。

图 4.34 方案 3 是在收纳镜柜安装建筑化照明的案例。通过在上下方安装 LED 线形照明，获得间接照明的效果，并且搭配使用了高显色性的广照型筒灯作为直接照明。

在这 3 种方案中，面部视觉效果整体上最为明亮的是图 4.34 方案 1，几乎没有明暗差，对面部结构的模拟也很好。图 4.34 方案 2 只有上方的光线会照到眼睛和鼻子，下巴下方会较暗。图 4.34 方案 3 由上方光线产生的阴影与建筑化照明所产生的反射光相互抵消。此方案需要注意的是，如果天花板和洗手台所用材质的反射率较低，或者有其他颜色时，其反射光会受该颜色的影响。

方案 1. 从正前方照射

壁灯（漫射型配光）　筒灯（广照型、高显色性）

采用筒灯，保证了洗手台的明亮度；为了避免从上方射出的光线造成面部阴影，在镜子两侧采用了壁灯来照明

3D 光照度分布图

方案 2. 从斜上方照射

筒灯（广照型、高显色性）

由于镜柜具有一定厚度，会遮挡壁灯向下照射的光线，因此采用两盏筒灯从面部两侧进行照射

3D 光照度分布图

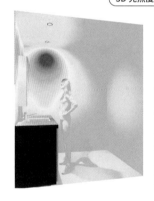

方案 3. 弱化阴影的间接光

线形照明（广照型）　筒灯（广照型、高显色性）

在收纳镜柜的上下方安装线形照明，可以照亮天花板和洗手台，利用其间接照明，可以抵消筒灯造成的面部阴影

3D 光照度分布图

3D 照明计算软件 DIALux evo 9.2，维护系数 0.8
【反射率】天花板：70%；墙壁：50%；地面：20%；洗手台：50%

															lx
0.1	0.2 0.3	0.5	1	2	3	5	10	20	30	50	100	300 1000	15000		

图 4.34　比较 3 个洗手台照明案例的面部视觉效果

场景 8. 沐浴

　　沐浴可以缓解一天的疲劳，在照明设计上需要营造放松的氛围。浴室的全局光照度标准和洗漱区相同，都是 75 ～ 150 lx（第 29 页表 1.3）。由于洗漱区和浴室相邻，可以采用玻璃将其分隔开，设计时体现空间的整体感。此时，还需要加上沐浴的要素来考虑面部光线，并提出与之相匹配的照明方案。浴室空间的照明设计有以下 4 个关键点：

·具备防水性能。
·调节心情。
·避免碰撞。
·适合欣赏窗外景色。

1. 具备防水性能

　　由于浴室会有水蒸气，因此采用防潮型照明灯具非常重要（第 47 页图 2.10），一体化浴室也可以选择相应种类的照明灯具。此时需要注意的是，选择灯具不仅要考虑对洗澡行为的功能性，还要同时达到让人放松的效果。

　　图 4.35 介绍了浴室的照明设计方法。一般采用防潮型壁灯（图 4.35A）和防潮型广照型筒灯（图 4.35B）。目前用于建筑化照明的防潮型灯具种类逐渐增多，因此也可以实现像图 4.35C 一样的建筑化照明。注意不能采用凹槽照明，因为采用凹槽照明灯具向上安装的话，凹槽内部会积水，灯具有进水的危险。在浴室中使用建筑化照明，可以使用檐口照明的方法，灯具向下安装。此外，还可以通过照射墙壁，实现空间向内延伸，并且隐藏灯具的同时，可以营造出高级感和休闲的氛围。

　　若是将传统的防潮型壁灯升级为 LED 灯，需要采用密封型 LED 球泡。这是因为，传统的防潮型壁灯的构造是为了防止潮气进来，密封性较好。LED 的耐热性和防潮性较弱，如果不使用密封型 LED 球泡，有可能会出现故障。

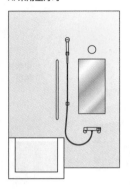
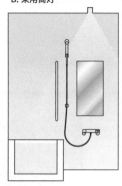
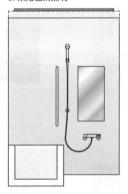

图 4.35　浴室的照明设计方法

2. 调节心情

　　夜晚沐浴，要使身心得到休息。为了促进褪黑素的分泌，建议使用低色温的暖白色。而清晨沐浴的话，则应该使用高色温的白色光，以促进头脑保持清醒状态。采用可调色、调光及颜色多变的防潮型照明灯具，可以获得光疗的效果。

3. 避免碰撞

　　如图 4.35A 和图 4.35 B 一样，通常不仅在浴缸附近，还会在淋浴处安装照明。如果有镜子，和"场景 7　观察面部"（第 143 页）相同，应在镜子上方安装漫射型配光的壁灯，便于看清面部效果。此时如果灯具的安装位置较低，则容易撞到头部；如果安装在固定淋浴头的位置，也有可能和淋浴头发生碰撞。因此，在安装时需要确认浴室的平面图，以便设计壁灯的安装高度。

4. 适合欣赏窗外景色

　　如果在沐浴时想要眺望窗外的夜景，那么室内照明比较暗时，才可以清晰地看到窗外的景色。此外还要注意一点，窗对面的墙壁不要过于明亮，这样可以避免窗户反光（第174页图4.69）。图4.36介绍了沐浴时可以欣赏夜景的照明设计方法。洗漱区一般也兼有沐浴前脱衣室的功能，因此在设计照明时，尽可能设计为有调光功能的照明，这是设计的关键。

以沐浴为主时

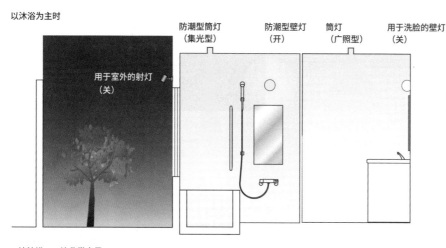

防潮型筒灯（集光型）　防潮型壁灯（开）　筒灯（广照型）　用于洗脸的壁灯（关）

用于室外的射灯（关）

浴室的照明用于清洁身体、检查身体。在浴池上方安装筒灯时，应选择防眩光的款式，并且安装在不易产生眩光的位置

一边沐浴，一边欣赏夜景

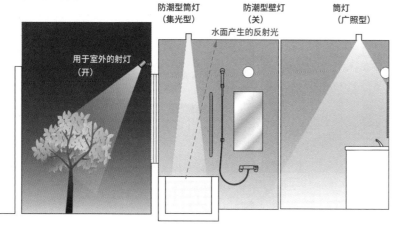

防潮型筒灯（集光型）　防潮型壁灯（关）　筒灯（广照型）

水面产生的反射光

用于室外的射灯（开）

想要一边沐浴一边欣赏窗外的景色，可以点亮室外照明，还可以关闭室内照明或者利用调光器将光线调暗。如果采用玻璃将浴室和洗漱区隔开，洗漱区应选择带有调光功能的照明灯具

室外露天温泉

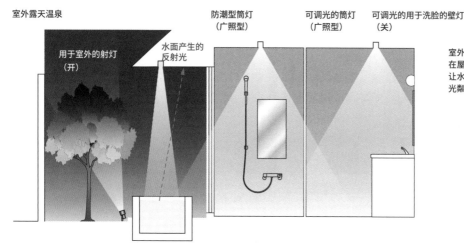

防潮型筒灯（广照型）　可调光的筒灯（广照型）　可调光的用于洗脸的壁灯（关）

用于室外的射灯（开）　水面产生的反射光

室外露天温泉的照明，可以在屋檐下安装集光型灯具，让水面在光线照射下呈现波光粼粼的效果

图4.36　一边沐浴一边欣赏窗外的照明设计方法

室外的露天温泉，一般可采用集光型筒灯或者射灯照射水面，光线经过水面反射，会在屋檐下的墙壁上映出水的光影。室内浴槽中的气泡浮出水面时，也会产生同样的效果。

图 4.37 介绍了利用 3D 照明计算结果来探讨浴室空间照明方案的案例。图 4.37A 在室内打开全部灯具，光线明亮，反光效果也较强，因此很难看清室外的景色。图 4.37B 将洗漱区灯具关闭，并减少浴室内的光线，便可以看清室外的景色了。

图 4.38 是一边沐浴一边欣赏庭院景色的照明案例。空间不仅采用了漫射型配光的草坪灯，还在外墙的窗户上方安装了射灯，确保人在沐浴时离得近的地方较为明亮。

图 4.38 一边欣赏庭院景色一边沐浴的照明案例
（建筑设计：里山建筑研究所；庭院设计：高田造园设计事务所；摄影：中川敦玲）

A. 点亮全部灯具

B. 浴室筒灯：20%（亮度）；洗漱区：关

3D 光照度分布图

3D 光照度分布图

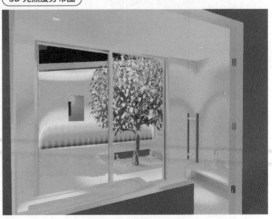

0.1 0.2 0.3 0.5 1 2 3 5 10 20 30 50 100 300 1000 15000 lx

3D 照明计算软件 DIALux evo 9.2，维护系数 0.8
【反射率】天花板：10%；墙壁：60%；地面：30%

图 4.37 浴室空间的照明案例

场景 9. 卫生间

如果卫生间的空间不大，可以只安装 1 个 40 ~ 60 W 的壁灯或筒灯，便足以获得充分的照明。除此之外，若从健康管理的角度来看，可能需要确认排泄物的颜色及形状等，因此全局光照度以 50 ~ 100 lx 为宜（第 29 页表 1.3）。卫生间照明设计有 3 个关键点，即：

· 防止阴影。
· 巧妙运用狭窄的空间。
· 防止夜间睡意消散。

1. 防止阴影

图 4.39 比较了筒灯的不同安装位置所带来的照明效果的差异。筒灯常常被安装在房间的中央位置，如图 4.39A，但当男性站立使用坐便器时，自己的影子会遮挡便器。因此筒灯应安装在坐便器的上方，如图 4.39B。

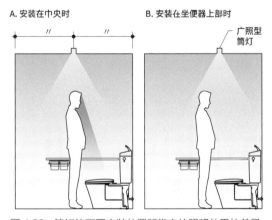

图 4.39 筒灯的不同安装位置所带来的照明效果的差异

2. 巧妙运用狭窄的空间

一般卫生间的空间比较狭窄，应选择安装体积小的照明灯具。建筑化照明会使灯具和室内装修及家具呈现整体感，并降低灯具的存在感。图 4.40 介绍了引入建筑化照明的方法。

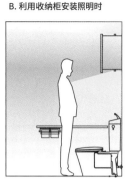

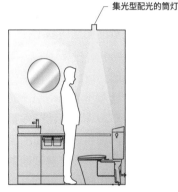

图 4.40 建筑化照明的引入方法

图 4.40A 中墙壁上的檐口照明不仅可以照亮墙壁，同时可以照亮坐便器，还可以在墙壁上悬挂艺术品来欣赏。图 4.40B 在收纳柜下部安装线形灯具作为建筑化照明，不仅可以让整体空间更明亮，还可以同时照亮坐便器。图 4.40C 将灯具安装在化妆镜上，利用化妆镜和墙壁间的缝隙，让镜身周围发光，获得间接照明的效果。此时，坐便器附近的光线较弱，应搭配筒灯来照明。图 4.39B 中采用广照型筒灯来照亮整体空间，而图 4.39C 由于化妆镜周围的间接照明效果较弱，因此可采用集光型筒灯来搭配使用。

图 4.41 介绍了其他照明手法，这些手法都充分考虑到了灯具的存在感。图 4.41A 除洗手台之外，考虑到面部照明的需求，于是在化妆镜上方安装了漫射型配光的壁灯。若没有化妆镜，则可采用直接－间接型配光的照明灯具，通过天花板反射光线，不仅使洗漱区有适度照明，还能确保整个空间的明亮度。但此时应注意选择体积小的壁灯，避免其对使用人的行为有所遮挡（第 71 页图 2.52）。

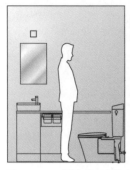
A. 采用壁灯时

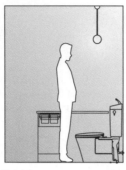
B. 采用吊灯时

图 4.41　不同照明方法的安装案例

如果洗漱区和坐便器不在同一空间，可以选择采用图 4.41B 中悬挂吊灯的方法设计照明。在选择灯具时，应注意选择电线可以调节的灯具，安装时注意不要妨碍用户的使用。采用漫射型配光的灯具，可以让空间整体笼罩在柔光之中。如果灯具是玻璃材质的话，日常使用中要减少碰撞的可能，若遇到地震产生晃动，会有破碎的危险。因此选择灯具时不仅要留意配光类型，还要根据使用环境考虑材质。

3. 防止夜间睡意消散

人们随着年龄的增长，夜间去洗手间的次数也会增加。第 29 页表 1.3 中并没有标明深夜去卫生间的标准光照度，而走廊的深夜标准光照度是 2 lx。考虑到行为的连续性，深夜前往卫生间时，也应注意防止深夜睡意消散（第 121 页图 4.6）。由于不需要检查身体状况，因此可以避免这部分光线。如果采用可以调光的灯具或者结合调光器，可以在一定程度上抑制由光线过于明亮导致的深夜睡意消散问题。

图 4.40B 和图 4.40C 中组合使用了多种照明手法，可以区分不同的照明线路，改变相应光线的明亮度。例如图 4.40B，深夜时可使用上方的间接照明，图 4.40C 则可以使用镜子周围的间接照明。而关闭直接照明，可以减少进入眼部的光线。

图 4.42 介绍了卫生间的照明案例。图 4.42A～图 4.42C 是壁灯的安装案例，要避免妨碍人的动作，就要选择体积较小的灯具（第 71 页图 2.52）。图 4.42A 和图 4.42B 中的小型壁灯安装在门的正对面或者坐便器里侧的墙壁上，这种安装在正面墙壁上的做法是为了避免产生眩光。图 4.42C 中壁灯是安装在曲面天花板较低的一侧，采用了间接型配光的灯具来照亮天花板，让空间整体获得光亮。图 4.42D 中是在附带洗手功能的坐便器上方安装了吊灯，不仅可以方便洗手，还可以观察室外，也可以从窗外观察到室内的温暖照明。

A. 小型壁灯案例 1

B. 小型壁灯案例 2

C. 线形壁灯的案例

D. 吊灯的案例

图 4.42　卫生间的照明案例
（A、B、C 建筑设计：O-WORKS 株式会社；摄影：松浦文生
D. 建筑设计、图片提供：SAI / MASAOKA 株式会社）

场景 10. 睡眠（就寝）

　　睡眠和进餐一样，对维持人体健康非常重要。随着年龄的增长，人的睡眠也会逐渐变浅，如何使人获得充足的睡眠，是睡眠空间照明设计中非常重要的课题。但是睡眠空间中，读书和化妆等行为需要的局部光照度标准为 300 ~ 750 lx，因此可根据用户的需求进行局部照明配置。图 4.43 显示了在卧室搭配使用灯具的注意事项，接下来我们对以下 4 个睡眠空间照明设计的关键点进行说明：

· 有助于睡眠。

· 防止眩光。

· 阴影的多样性。

· 防止睡意消散。

1. 有助于睡眠

　　用过晚餐后，在客厅悠闲地度过饭后时光，而后就寝这一系列行为，采用低色温暖白色的灯光（第 16 页图 1.12）非常重要。通常来说，暖白色的光色温为 2700 ~ 3000 K，酒吧或酒店客房通常采用 2400 K 左右的照明。将白炽灯进行调光降低色温后，便可营造出一种休闲氛围。使用 LED 灯也可以达到以上效果。

　　图 4.43C 中使用了比暖白色（2700 K）的色温还低的线形照明（2400 K），以建筑化照明的形式内嵌于床头板上。这种设计有利于人的睡眠。第 17 页介绍的低色温可调色、调光的照明灯具都有以上效果。

A. 成品床 + 衣柜
全局照明：筒灯（高显色性）
局部照明：直接 - 间接型配光的壁灯（下方带有灯罩）

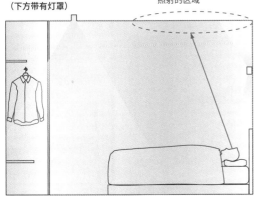

B. 定制衣柜
全局照明：衣柜上方安装建筑化照明
局部照明：针孔型筒灯（集光型）

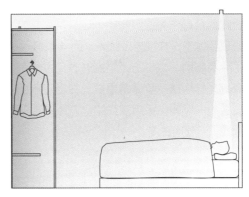

C. 定制床头
一般照明：在床头内置了向上照射的照明（2400 K），窗帘盒中内置了檐口照明
局部照明：在床头内置了阅读灯

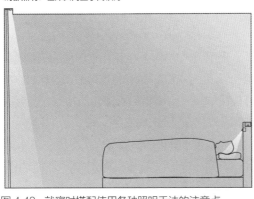

D. 成品床
一般照明：平衡照明（向上照射）
局部照明：平衡照明（向下照明，且有遮光设置）
长明灯：地脚灯

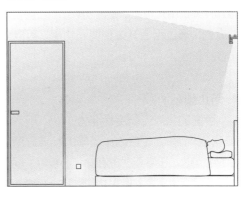

图 4.43　就寝时搭配使用各种照明手法的注意点

另外，可以将小型阅读灯（第 196 页图 5.15）安装在床头，以享受就寝前的阅读时光。

2. 防止眩光

在卧室中，平躺在床上时，天花板上的光线容易直射眼部，因此，若在天花板上安装直接型配光和半直接型配光的照明灯具时，要特别注意这一点。图 4.43A 中采用了直接型配光的筒灯作为一般照明，安装在床尾而非房间中央的位置，这样平躺时不容易看到灯具的发光部。同样，在床头附近安装壁灯时，也应注意平躺时避免看到灯具发光部。另外，也可以选择可在灯具下方安装遮光板或者灯罩的类型（第 71 页图 2.53）。

值得注意的是，在酒店的照明设计中也会采用防眩光的万向筒灯，像图 4.43B 中便安装了集光型的看不到发光部的针孔型筒灯（第 49 页图 2.12）。当衣柜和天花板有一定距离时，可以在上方安装线形灯具来代替凹槽照明。如果有窗帘盒，如图 4.43C，便可以在窗帘盒内置线形灯具作为檐口照明，让家具和室内装修呈现整体感，并且防止眩光。图 4.43D 中采用了平衡照明，为了防止平躺时看到发光部，选择遮光材料这一步非常重要。在上下不同方向安装线形照明，采用双线路，可以控制开关和调光，调整明亮度。

3. 阴影的多样性

黑暗可以促进人体分泌褪黑素，人便自然会产生困意。可见在卧室为了顺利进入睡眠阶段，调整光的明暗度是非常重要的，因此可以导入开关和调光功能。图 4.44 介绍了卧室照明的案例，通过组合开关和调光功能，可以营造出多种氛围。

4. 防止睡意消散

卧室的全局光照度标准为 15 ~ 30 lx（第 29 页表 1.3），是室内中最暗的标准。深夜前往卫生间时，还需要在走廊安装小夜灯，同时卫生间的照明也要导入调光功能，防止睡意消散。

A. 壁灯 + 筒灯的案例

B. 平衡照明的案例

C. 吊灯 + 壁灯的案例 1

D. 吊灯 + 壁灯的案例 2

图 4.44　卧室的照明案例

（A. 建筑设计：O-WORKS 株式会社；摄影：松浦文生
B. 建筑设计：今村干建筑设计事务所；摄影：大川孔三
C.ACETECTURE）

采用调光功能，一般采用最低档的明亮度，第 151 页图 4.43D 中，也有将地脚灯作为小夜灯使用的设计。考虑到就寝时的视线，最好将地脚灯安装在不显眼的位置。

大家可以参考酒店或者民宿客房。图 4.45 介绍了酒店客房的案例，使用地脚灯作为小夜灯，除起夜照明外，还有助于辨认床的高低。

图 4.45　在卧室使用小夜灯的案例
　　（建筑设计：今村干建筑设计事务所、东出明建筑设计事
务所；摄影：金子俊男）

图 4.44 介绍了几个卧室照明的案例。图
4.44A 在床尾的位置设置了筒灯，床头旁边则
搭配直接 - 间接型配光的壁灯。此壁灯采用了
和装饰墙同色系的颜色，与墙壁形成整体感。
从正面来看，有少许光线露出，具有装饰效果。

图 4.44B 是在床头上方安装平衡照明的案
例，床头和窗帘盒采用了同样的木质材料，使
得空间具有整体感。在上下方安装了 LED 线形
照明，向上照射的光线为间接照明，向下照射
的直接型配光则为局部照明，两者可区分线路
分别控制使用。

图 4.44C 是丹麦住宅的照明案例。通常情
况下，吊灯会安装在天花板上，这样不仅可以
避免看到灯具的发光部，还可以提高装饰效果。

图 4.44D 是具有弧形天花板的卧室照明案
例。在天花板较低的一侧墙壁上安装了直接 -
间接型配光的壁灯，这样可以在床头附近获得
一定的明亮度。作为室内的全局照明，采用了
普通吊灯（第 208 页图 5.34），让卧室笼罩在
柔光之中。

● 唤醒作用的照明。

接下来就要考虑就寝后的下一个阶段的行
为。第 17 页介绍了昼夜节律的概念，那么，在
清晨沐浴高光照度的白光就显得非常重要了，
高光照度的白光可以促进头脑清醒。如果能让
自然光透过窗户照进室内，那最好不过了，但
若光线不足的话，可以采用可调色、调光的照明。
在清晨，可以外出散步，沐浴在充足的自然光下。
如果因为生病没有办法外出时，也可以在卧室
利用照明调整昼夜节律。

图 4.46 介绍了两个卧室的照明案例。

图 4.46 案例 1 中的照明主要为享受阅读时
光而设计。在床头附近的上方安装檐口照明作
为一般照明，同时也可以照亮墙壁上的艺术画，
并起到装饰作用。在床头柜上安装了小型射灯
作为阅读灯，可以在手边调节照射方向和光色。
镜子上方则安装了壁灯，化妆桌附近也同样安
装了壁灯。另外，地脚灯作为小夜灯安装在就
寝时不容易看见的地方，并同时采用了可旋转
调节照射方向的落地灯（第 206 页图 5.30），
确保了工作时的光线。

图 4.46 案例 2 的设计以睡前放松为主，在
床头内置了线形照明，向上照射的光线同时可
以照亮墙壁和天花板。在右侧墙壁打造了向内
凹陷的空间，采用胶带灯作为内部凹陷的照明，
提高了装饰效果。墙壁采用了装饰性效果较强
的颜色和材料，提高了照明灯具和室内装修的
整体感。在墙壁上方的角落处，安装了可防止
眩光的筒灯作为工作桌面的照明，不仅可以照
亮桌面，还可以照亮墙壁上的艺术画和照片等。
如果床尾处还有空间的话，可以采用线形灯具
照明周围空间，营造出如同酒店般的氛围。

方案 1. 床头的阅读灯

配光示意图和照明要素的组合

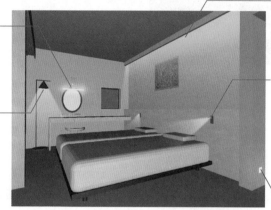

采用带灯臂的漫射型配光的壁灯作为镜子处的照明

采用落地灯作为桌面的局部照明。若将灯具部分向上设置，则可作为室内的间接照明使用

采用檐口照明作为照亮艺术画和床头的一般照明

采用小型射灯作为读书时的局部照明

作为脚部照明的小夜灯

A. 灯具全部点亮时

3D 光照度分布图

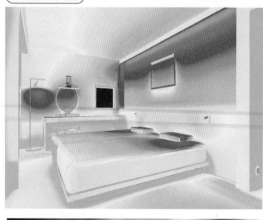

B. 躺下看书时

檐口照明、落地灯、壁灯：关

3D 光照度分布图

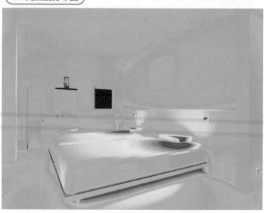

lx
0.1 0.2 0.3 0.5 1 2 5 10 20 30 50 100 300 1000 15000

3D 照明计算软件 DIALux evo 9.2，维护系数 0.8
【反射率】天花板：70%；墙壁：50%；地面：50%

方案 2. 就寝前舒缓的光

配光示意图和照明要素的组合

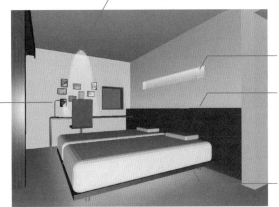

采用筒灯作为墙壁和
桌面的照明

凹槽内设置建筑化照明

采用直接型配光的台灯
作为桌面的局部照明

在床头上方安装向上照
射的照明

床下安装间接照明

C. 享受如同酒店般的休闲时光

D. 睡前的光线

3D 光照度分布图

3D 光照度分布图

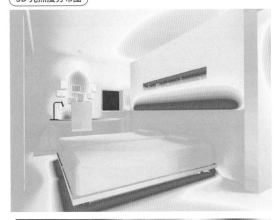

lx 3D 照明计算软件 DIALux evo 9.2，维护系数 0.8
【反射率】天花板：70%；墙壁：50%；床附近：36%；地面：50%

0.1 0.2 0.3 0.5 1 2 3 5 10 20 30 50 100 300 1000 15000

图 4.46 就寝时的照明案例

场景 11. 选择服饰

衣帽间和储物间的全局光照度标准为 20 ～ 50 lx（第 29 页表 1.3），只要能看清取放的物品就够了。但衣柜有时也需要对衣物进行选择，因此在相同色温和相同光照度的情况下，高显色性会比较占优势。当然，实际应用不仅需要高显色性，还要确保充足的光线。表 1.2（第 29 页）中记录了不经常使用的工作场所的光照度标准为 100 ～ 200 lx。当需要选择服饰时，照明设计有以下 3 个关键点：

- **方便辨识衣物颜色。**
- **色温的选择。**
- **光照均匀。**

1. 方便辨识衣物颜色

黄色和红色的色差较大，采用普通 LED 灯，其显色性足以让人识别衣物颜色。图 1.23（第 23 页）介绍了普通 LED 灯照射白色时，识别出来的颜色会稍微偏黄。如果想要识别颜色上的细微差别，推荐使用高显色性的照明灯具。由于高显色性的优势是在相同色温和相同光照度条件下呈现的，单纯只是高显色性，并不能有利于识别颜色，因此想要发挥高显色性灯具的优点，需要确保一定的明亮度。

2. 色温的选择

在印刷厂和涂料工厂等场所确认颜色时，一般会使用 D50 或 D65 的光源。"D"是指"Daylight"，即日光，"50"是指色温 5000 K，"65"是指色温 6500 K，这是为了在与日光相同的条件下识别颜色。

对服装店进行照明设计，一般使用 3500 K 的白色光。使用低色温的光，更容易营造出高级感和稳重的感觉；使用高色温的光，则更容易识别颜色。因此服装店会折中选择中等色温的白色光。在室内，如果想准确地识别衣服的颜色，可以使用日光色，如果想在室内营造出幽静的氛围，可以选择高显色性的白色光。

图 4.47 显示了在选择衣物时怎样区分使用色温。图 4.47A 中的衣柜作为家具，照明设置在衣柜外部，即卧室的全局照明兼顾了衣柜外部照射的功能。为充分考虑睡眠行为的光照度，可采用能促进睡眠的暖白色光的高显色性灯具，或者采用可调色、调光的照明灯具，抑或两者兼顾。

图 4.47B 是步入式衣帽间，没有自然光线，因此采用日光色的高显色性灯具，可以获得在日光下的相同效果。

A. 卧室内有衣柜时

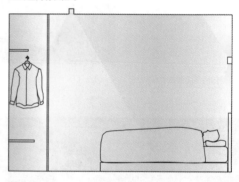

B. 无窗型步入式衣帽间

图 4.47　选择衣服时要区别使用色温

3. 光照均匀

集光型灯具可以增加局部明亮度，照射范围内外的颜色差距较大。如果是有图案或者花纹的衣服，光线会影响图案与花纹的视觉效果，因此可以选择直接型配光的广照型筒灯。如图 4.47B，采用半直接型配光的灯具，可以照亮衣柜的整体，同时也可以看清衣服的全貌。

场景 12. 学习和工作

在室内，学习和工作是最需要明亮度的行为。表 1.3（第 29 页）中此类空间的全局光照度标准为 75 ~ 150 lx，局部光照度按不同行为有不同标准，其中玩耍、游戏为 150 ~ 300 lx，学习、读书为 500 ~ 1000 lx。目前流行使用电脑和平板电脑进行在线学习和远程办公。另外，适合 VDT 作业（一边看显示器一边工作）的局部光照度标准为 300 ~ 750 lx。

单独的儿童房和书房不仅需要承载学习的功能，还需要兼备睡眠和娱乐的功能。并且随着孩子的成长，还要适当调整室内布局。因此，适合学习和工作行为的照明设计要注意以下 4 个要点：

· 集中注意力。
· 手部光线。
· 唤醒模式的开关。
· 平衡相邻空间的照明。

1. 集中注意力

通常在办公室采用工作环境照明（Task & Ambient Lighting），其中用于作业的照明对应名称中的"工作"，照亮周围环境的照明对应名称中的"环境"，工作环境照明是兼顾两者的设计理念。

图 4.48 显示了工作环境照明的设计理念。图 4.48A 在天花板上采用了普通照明作为照亮桌面的光线，这是办公空间一般可采用的照明手法。图 4.48B 中减少了天花板上的一般照明，在桌面上从较低的位置照亮工作区。由于大脑会不断地处理进入眼中的信息，因此图 4.48A 空间整体上都很明亮，进入眼中的光线也较多，容易导致疲劳。工作灯如图 4.48B 设置为照射距离较短时，同样可以让工作者获得充足的光线，营造出较为明亮且有利于集中注意力的氛围。此外，这种设计在无须使用照明时可以关灯，能够节省能源。

同样，学习这一行为也可以运用工作环境照明的设计理念。

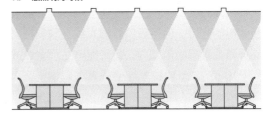

A. 一般照明的时候

B. 工作环境照明的时候

图 4.48 工作环境照明的设计理念

2. 手部光线

图 4.49 显示了学习和工作行为的不同照明设计手法，以及需要注意的点。

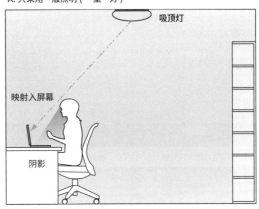

A. 只采用一般照明（一室一灯）

吸顶灯
映射入屏幕
阴影

B. 多灯分散照明

筒灯（广照型）　用于建筑化照明的灯具
台灯

图 4.49 学习和工作行为的不同照明设计手法

儿童房中，孩子在婴幼儿时期多在地板上玩耍，如图4.49A，使用吸顶灯可以确保房间整体的明亮度。但是吸顶灯的光线会映射进电脑屏幕或者平板电脑内，有可能产生反射眩光（第19页）。反射眩光会使屏幕难以识别，是造成视觉疲劳的原因之一，这一点需要注意。

此外，如图4.49A只在天花板中央安装吸顶灯的话，光线从后方照射会产生阴影，自己的影子会使桌面变暗。因此，从抵消阴影的观点来看，需要如图4.49B一样采用台灯来补充照明。而在桌上安装台灯时，应在常用手的另一边进行照射，这是为了防止在写字时产生阴影。儿童房应该随着儿童的成长来改变照明的使用方法，后面还会阐述同样设计理念的在线会议照明的注意事项。总之，多灯分散照明比"一室一灯"的照明方法更能应对以上情境（第162页图4.54）。

桌面用灯如图2.59（第75页），也可以归类于台灯。图4.50中介绍了桌面用灯的案例。

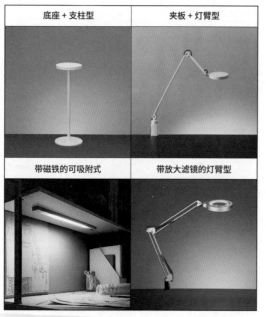

图4.50 桌面用灯
（图片提供：山田照明株式会社）

从安装方法来看，有直接摆放在桌面上的底座型和夹在桌面上的夹板型两种。还有些灯具可以改变安装方法，因此可以根据需要有选择地购买。从形状来看，则有支柱型和灯臂型

两种。支柱型的发光部较低，因此光线不容易进入眼中，安装占用的面积较小。灯臂型的灯头可以上下左右调节，从而调整照射范围。随着孩子的成长，视线高度也会有所变化，因此想要长久地使用桌面用灯，推荐使用灯臂型灯具。当桌子附带书架时，可以使用可吸附式灯具，将其安装在书架下方。此外，还有灯头中央附带放大滤镜的类型，比较适合老年人使用，以便看清较小的文字。

选择桌面用灯时需要注意多重阴影。以LED灯来说，可分为多个发光灯珠型和板上芯片型（Chip on Boad，缩写为"COB"）两种，如图4.51。图4.51A为多个发光灯珠型，多个发光灯珠的光线重叠会产生阴影，这种现象叫作"多重阴影"，对阅读会产生影响，并导致视觉疲劳。另外，桌面用灯距离桌面较近，因此容易产生多重阴影，需要多加留意。

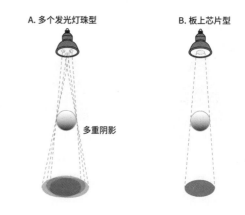

图4.51 LED用灯的两种类型

3. 唤醒模式的开关

在儿童房，有时需要放松、睡眠，这时使用低色温、低光照度的照明较好。相反，学习时需要保持头脑清醒，采用高色温、高光照度的照明有利于驱散困意。因此可以采用可调色、调光的照明作为普通照明，并根据行为区分使用光色，更容易调整生物钟。

从方便阅读文字的角度来说，亮度对比较大时，较容易看清文字，因此高色温更易于阅读[1]。一些厂家据此开发出了更易于阅读的桌面用灯。

---

[1]［日］松林容子，等. 在卧室中光线颜色和容易阅读文字的研究. 照明学会报告，2016.

4. 平衡相邻空间的照明

我们知道，通过组合明亮度和色温可以对人的心理和生理起到调节作用（第12页图1.5）。因此，根据不同行为来选择色温，并调节明亮度是照明设计的关键点。此外，用于学习的桌面用灯有各种规格，根据桌面上的光照度可区分为LED桌面台灯和荧光灯桌面台灯（用于学习、阅读）。表4.1介绍了不同类型的标准。其中A型为半径30 cm范围内光照度300 lx以上，AA型为半径50 cm范围内光照度250 lx以上，一般型则无具体规定。可见，AA型的中心区域光照度较高，可以照亮更广的范围。作为参考，可照单面报纸的范围为半径30 cm，照亮整面报纸的范围为半径50 cm。

表 4.1　不同类型桌面用灯的明亮度标准

类型	半径为 30 cm 的圆周	半径为 50 cm 的圆周
AA 型	500 lx 以上	250 lx 以上
A 型	300 lx 以上	150 lx 以上
一般型	无具体规定	

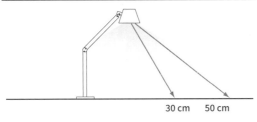

图4.52介绍了儿童房和书房的照明案例。图4.52A是上方空间带有阁楼的儿童房。此案例采用了漫射型配光的吊灯，并在阁楼下方安装了壁灯，使得空间整体笼罩在柔和的光线中。

图4.52B是书房一角的照明案例。采用筒灯确保桌面上方的明亮度，同时使用直接－间接型配光的壁灯照亮天花板面，营造出一种明亮的氛围。

图4.52C是在厨房一侧用矮隔断划出独立空间的照明案例。如果在天花板上安装照明，则其他空间也可以看到光线，会相互影响。因此打造定制家具，在柜子下方安装照明，这样既可以确保手部的光线充足，也可以同时进行家务和工作，两边互不干扰。

图4.52D利用房间的木结构安装了建筑化照明（第65页图2.40G），并和横梁侧方安装的射灯相搭配，同时采用了直接型配光的台灯（第205页图5.27），确保桌面的明亮度。

图4.53中介绍了两个具体的设计方案。

A. 愉悦的氛围

B. 明亮的氛围

C. 在柜子下方安装桌面照明的案例

D. 利用建筑结构打造建筑化照明的案例

图 4.52　儿童房和书房的照明案例
（A、B. 建筑设计：SAI / MASAOKA 株式会社
　C. 建筑设计：O-WORKS 株式会社；摄影：松浦文生
　D. 建筑设计：里山建筑研究所）

方案 1. 在娱乐和学习间自由切换的光

配光示意图和照明要素的组合

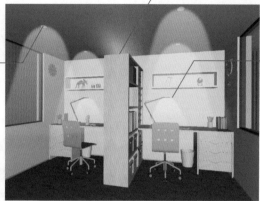

线形灯具（2700 K）安装在柜子上方，作为建筑化照明

可调色、调光的筒灯（2700～5000 K）作为一般照明

桌面灯具用于局部照明（5000 K）

A. 学习

筒灯（3500 K）+ 桌面用灯（5000 K）

B. 娱乐

筒灯（2700 K）+ 线形照明灯具（2700 K）

3D 光照度分布图

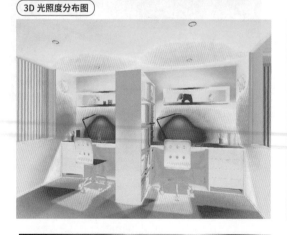

3D 光照度分布图

3D 照明计算软件 DIALux evo 9.2，维护系数 0.8
【反射率】天花板：70%；墙壁：70%；地面：26%

方案 2. 适于享受爱好的光

配光示意图和照明要素的组合

灯轨 + 射灯

屋外露台的筒灯

桌面用灯

在书架上采用了凹槽照明作为建筑化照明

桌面台灯同时兼具了局部照明和装饰效果

C. 工作时

桌面台灯: 关; 其他: 100% (亮度)

D. 享受爱好时

桌面台灯、凹槽照明: 关
射灯、桌面台灯: 100% (亮度)

3D 光照度分布图

3D 光照度分布图

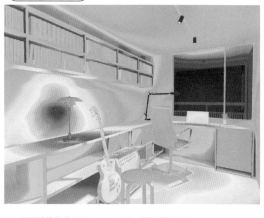

lx

0.1 0.2 0.3 0.5 1 2 3 5 10 20 30 50 100 300 1000 15000

3D 照明计算软件 DIALux evo 9.2,维护系数 0.8
【反射率】天花板: 70%;墙壁: 70%;地面: 26%

图 4.53　有利于学习和工作行为的照明方案

第 4 章

充分发挥生活方式特点的分场景照明技巧

图 4.53 方案 1 以儿童房为例,采用书架为隔断,区分出两个孩子的学习空间。采用可调色、调光的筒灯作为普通照明,对光线进行均匀布置,即使将来改变房间布局,也能很好地应对。在书架上方安装了线形照明,这样可以照亮天花板,提高视觉上的开放感。

图 4.53A 为学习场景,为了使光线集中在桌面,将书架上的建筑化照明关闭,采用桌面照明,桌面上的光线最为明亮。桌面用灯采用白光,可以促使头脑保持清醒,提高文字的阅读效率。采用和桌面用灯色温相同的可调色、调光的筒灯,可以提高室内的整体感。通过稍微拉开筒灯和桌面用灯的距离,可以让用户在书桌处更容易集中精力。图 4.53B 为娱乐场景,关闭桌面用灯,筒灯和书架上的建筑化照明同样是暖白色光,可以营造出放松的氛围,更适合休闲娱乐。

图 4.53 方案 2 的房间是兼顾书房和兴趣室的多功能空间。采用可嵌入天花板的轨道,轨道上安装射灯,增减射灯数量并改变其照射方向,便可让光线灵活地照射桌面。定制书架时,在书架上方安装线形灯具,以代替凹槽照明。在工作时使用桌面用灯(图 4.53C),在娱乐时将桌面用灯关闭(图 4.53D),即使在同一个房间,也可以根据区域和行为来享受不同光线带来的乐趣。

● 用于在线会议的照明。

随着时代的发展,远程办公逐渐被人所熟知。如果只是为了集中精力工作,其照明设计要点和学习、工作行为相同。但是在线会议时需要注意面部的立体效果(第 12 页图 1.6),因此照明设计注意事项有以下 3 点:

· 避免面部阴影。
· 展现健康的肤色。
· 注意避免照明灯具映入屏幕。

从避免面部产生阴影来说,与第 143 页中介绍的观察面部的照明设计理念相同,光线需要照亮整个面部。从展现健康的肤色来说,采用高显色性的照明灯具尤为重要。在线会议时,人的身后场景也会进入画面。如图 4.49A(第 157 页),这种"一室一灯"的设计采用了半直接型配光的吸顶灯,这种灯具很容易映入屏幕,需要特别留意。

图 4.54 介绍了在线会议的照明案例。图 4.54A 中有自然光从窗户进入,采用透光窗帘,脸部不容易产生阴影。图 4.54B 和图 4.54C 中,为了确保桌面上的局部光照度,同时为了用散射光照射面部,提供了相应的搭配灯具和搭配光线的方案。

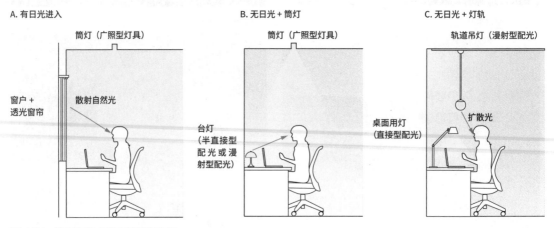

图 4.54　进行在线会议时的照明案例

第2节 享受生活的照明

享受行动的照明设计的要点

第1节中介绍了室内照明的基本方法和与生活息息相关的照明设计技巧。在本节中，会针对休闲和待客等行为，介绍如何设计享受生活的照明。休闲和待客等是室内住宅中独有的行为，如果可以享受这些行为的话，便可以享受日常生活。和第1节相同，我们会运用第1章和第2章的内容，同时为了进行具体的照明设计，我们也会运用第3章介绍的3D照明计算手法，从而介绍具体案例的照明设计理念。

适用于休闲场合的光线

您听过"Hygge"这个词吗？这是我在参观图2.57（第74页）中丹麦住宅时学到的词。这是丹麦人特别重视的一个词，我将其解释为可以悠闲惬意地度过时光，和一种充分享受生活的心情。图2.57的照片中也反映出丹麦人会在住宅中放置多个自己喜欢的灯具，这种设计体现出了一种追求极致的"适光适所（在必要的地方设置灯光）"的理念。包括家具的摆设，也体现出被所喜爱的事物包围着的、享受生活的态度。

第141页列举了4个追求休憩空间放松心情的照明设计关键点。本节将基于这4点，对多种享受生活的照明设计要点做进一步说明。

场景13. 畅饮

饮酒时，环境以热闹为宜吗？还是在较为幽静的环境，以放松的心情享受和他人的交谈这种酒吧式的氛围比较好呢？两者都可以，看自己选择。如果想要热闹起来，需要营造明亮的氛围；如果想打造让人放松的氛围，则需要相对幽暗的光线。总之，不同的照明起的作用不同，根据所追求的氛围来改变明亮度是非常重要的。

图4.28（第141页）中所示，根据人的放松程度，人的姿态也有所改变。人的姿态高度越低，所呈现出的状态也越放松，需要使用适当的明亮度，并控制光的量。

例如在餐厅，就餐时有时会适当地饮一些酒，试着想象一下在餐厅的氛围。图4.21～图4.25（第135～139页）介绍了5种就餐时的照明设计方案，都可以应用于餐厅。

在客厅，也可以在饭前或餐后打造类似在酒吧中饮酒的氛围。可以通过从侧面照射酒杯来强调酒杯上的光线，或者照亮放置酒瓶的酒柜，营造出酒吧的氛围。

图4.55中介绍了放置酒瓶的酒柜照明案例。这是在酒柜外侧安装带状灯，由下至上进行的照明。

图4.55　酒吧的酒柜照明案例
（室内装修设计、图片提供: Kusukusu Inc.）

图4.56介绍了饮酒时的照明方案。我们按照餐后一边看电视一边饮酒的情景，以及在幽静的环境中畅谈饮酒的情景，分别设计了不同的照明方案。

方案 享受餐后时光

配光示意图和照明要素的组合

采用 3 个方形万向筒灯来照亮桌面

采用用于室外的射灯作为露台照明

采用带状灯在收纳柜上方向
上照射

在收纳柜下安装橱柜灯（集
光型）用于酒杯照明

采用带状灯照亮放置电视机
的木板内侧

采用带状灯照亮沙发背部和
脚部位置

采用漫射型配光的落地灯

A. 一边看电视一边饮酒时

落地灯：30%（亮度）；其他照明：100%（亮度）

B. 安静地饮酒时

书架上方向上照射的灯、放置电视的木板内侧照明：关
3 个万向筒灯、落地灯：30%（亮度）

3D 光照度分布图

3D 光照度分布图

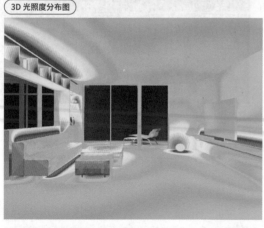

0.1 0.2 0.3 0.5 1 2 3 5 10 20 30 50 100 300 1000 15000 lx

3D 照明计算软件 DIALux evo 9.2，维护系数 0.8
【反射率】天花板：30%；墙壁：50%；地面：10%

图 4.56 畅饮时的照明设计方案

采用轻薄型带状灯安装于电视柜或者吊柜等定制家具及沙发上，可以强调装饰效果。由于桌子上摆放了酒瓶和酒杯，为了追求玻璃制品的闪耀感，采用了 3 个方形万向筒灯（第 49 页图 2.12）来照射桌面。在玻璃材质的收纳柜上安装小型橱柜灯，强调玻璃和橱柜的透明感。此外，还采用了漫射型配光的落地灯放置在地板上，照亮地板和墙壁下方的位置，营造出放松的氛围。

如图 4.56B 所示，若要营造一个安静的饮酒环境，可以关闭收纳柜上向上照射的带状灯，调节 3 个方形万向筒灯的光线，让整体明亮度稍暗，营造出更放松的氛围。图 4.28（第 141 页）中介绍过，随着人的姿势变化，照明的高度也要调整，而较低的照明更容易营造放松的氛围。

图 4.57 比较了采用不同照明手法来装饰玻璃柜的效果。图 4.57A 中采用了和图 4.56 中一样的集光型灯具安装在玻璃柜的最上层。第 132 页图 4.18 解释了在照射玻璃材质的物品时，集光型光线会更强调玻璃的光泽度。图 4.57B 中在玻璃柜内侧安装了线形照明灯具，从下向上照射。无论是哪一种设计，都没有直接在玻璃柜上安装照明，而是利用玻璃柜自身的透明性获得照明效果。

A. 橱柜灯

B. 线形灯具向上照射

3D 照明计算软件 DIALux evo 9.2，维护系数 0.8
【反射率】天花板：30%；墙壁：50%；地面：10%

图 4.57　玻璃柜的照明方法

场景 14. 阅读

看书时，看图片较多的杂志和文字较多的报纸，所采用的光照度标准是不同的。表 1.3（第 29 页）介绍了不同行为的局部光照度标准，休闲阅读（娱乐）的标准是 150 ~ 300 lx，阅读的标准是 300 ~ 750 lx。在有日光的条件下，只采用 300 lx 的人工照明即可满足大部分读书场景的照明需求。

在学习和工作的时候，全局光照度和局部光照度产生一定的明暗差，会更有利于集中注意力。但是需要注意的是，休闲阅读一般时间不长，如果局部光照度和全局光照度的明暗差过大，会容易造成眼睛的视觉疲劳。这是因为，眼睛会根据明暗度进行不断地调整，随着年龄的增加，眼睛的明暗适应功能也逐渐衰弱，因此年龄越大，读书时所需要的明亮度就越高。那么，将全局光照度设置得稍微明亮一些，使其和局部光照度略有差距，是此行为相应照明设计的关键之处。

无论在哪儿都可以满足阅读的照明需求的方法便是采用台灯。如果有你喜爱的台灯，像图 2.57（第 74 页）所介绍的案例那样，搭配使用多个台灯，便可以根据心情来打造读书的环境。读书时，多采用直接型配光的台灯，这样可以使阅读环境更加明亮，同时也可以获得局部照明。

图 4.58 中介绍了在沙发和休闲椅的位置营造方便阅读的照明方案。在天花板凹陷处安装建筑化照明作为基础照明，不仅可以提高天花板的明亮度和空间的开阔感，还可以使空间整体笼罩在明亮的氛围中。此外，在电视墙上采用檐口照明，强调了空间的开阔感，吊柜上安装的橱柜灯则可以让沙发区域更加明亮。而桌面上方采用了两盏万向筒灯，可以让阅读行为获得更适合的局部照明。

图 4.58B 中在休闲椅上阅读时，关闭了天花板上的建筑化照明和用于桌面的万向筒灯，点亮了落地灯。这样能让休闲椅附近的区域更加明亮，使人在非常放松的氛围下阅读。

方案 手部光线

配光示意图和照明要素的组合

采用万向筒灯作为
桌面照明

线形照明灯具作为建筑化照明
（安装于天花板向上凹陷处）

采用用于室外的射灯
作为阳台照明

檐口照明（广照型）

橱柜灯

采用直接型配光的
落地灯作为阅读灯

A. 在沙发上阅读时

檐口照明：80%（亮度）；落地灯：关；其他照明灯具：开

B. 在休闲椅上阅读时

檐口照明：80%（亮度）；落地：100%（亮度）
天花板向上凹陷处的建筑化照明、万向筒灯：关

3D 光照度分布图

3D 光照度分布图

3D 照明计算软件 DIALux evo 9.2，维护系数 0.8
【反射率】天花板：30%；墙壁：50%；地面：10%

图 4.58　适合阅读行为的照明方案

场景 15. 观影

在电影院，最开始周围的环境较亮，随着广告的播映到正片的开始，放映厅内的光线逐渐变暗。这种设计体现了自然暗适应的效果，同时周围的环境变暗也可以引导观众将视线集中于荧屏。

在电影院观影与在家中看电视或采用投影仪、幕布的家庭影院不同，因为亮度和屏幕大小都不一样。电视机即使屏幕较大，也会和背景一同映入眼帘。此外，画面本身会发光，且电视屏幕的亮度更高，电视屏幕和背景墙的亮度差距较大的话，会造成视觉疲劳，这也是前面介绍过的由于眼睛会不断调节的原因。因此，在观看电视时，适当调节电视背景墙的明亮度也是非常重要的。怎样抑制眼睛的光敏性癫痫反应，我们接下来将进行说明。

如今有很多投影仪产品内置了屏幕灯和射灯，可以轻松营造出家庭影院的氛围。图4.59介绍了射灯型投影仪，此类电器不仅可以安装在灯轨上，还可以安装在天花板或墙壁上，也有台式机，方便用户随意选择地方享受投影仪照明。

图4.60介绍了适合营造家庭影院的照明方案。在墙壁边缘设置内陷凹槽，将投影仪内置其中。同时在凹槽内部安装凹槽照明。图2.38（第63页）介绍了不同配光，使用集光型配光，即使在狭小的空间，光线也可以传播很远。

使用投影仪时，放下幕布，关闭凹槽照明，使用吊柜的橱柜灯照亮沙发附近。同时在天花板向上凹陷处安装灯轨，采用射灯照亮桌面，既避免了投影仪的阴影，也让桌面获得一定的明亮度。

图 4.59　射灯型投影仪
（图片提供：PANASONIC 株式会社）

专栏 3

《数码宝贝》事件及其对影视作品中光的使用的影响

在日本，看电视时，在有照相机闪光灯出现的画面上会出现字幕，提醒观众注意。此外，在看动画片时也会有这样的字幕出现："请保持室内明亮，并与屏幕保持适当距离。"

这些都是以动画片《数码宝贝》为契机出现的。由于观看了动画片中的闪烁场景，大概有700名儿童就医。这些人的症状是光敏性癫痫，是由于长时间注视画面的闪光或闪烁所引起的眼部肌肉的痉挛、意识障碍及不舒适的感觉，同时可以观测到脑波的异常。

经过对此事件的调查研究，日本放映界采取了一系列后续措施。在"动画放映方法指南"中，对光线闪烁、明暗度对比较强画面的反复使用，以及有规律的图形（如漩涡条纹等）的使用都有了明确的限制。

充分发挥生活方式特点的分场景照明技巧

方案 营造家庭影院的光

配光示意图和张明要素的组合

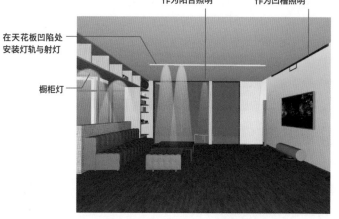

采用用于室外的射灯
作为阳台照明

采用线形照明灯具（中等角度配光）
作为凹槽照明

在天花板凹陷处
安装灯轨与射灯

橱柜灯

伸缩式幕布

安装在墙
壁上的电
视机

剖面图

A. 看电视时

点亮全部照明灯具

3D 光照度分布图

B. 采用投影仪观影时

檐口照明：关
凹槽内射灯：50%（亮度）；沙发上的橱柜灯：75%（亮度）

3D 光照度分布图

0.1 0.2 0.3 0.5 1 2 3 5 10 20 30 50 100 300 1000 15000 lx

3D 照明计算软件 DIALux evo 9.2，维护系数 0.8
【反射率】大花板：70%，墙壁：50%；地面：10%

图 4.60 适合家庭影院的照明方案

场景 16. 欣赏艺术品

如果能在欣赏喜欢的艺术品时享受到像美术馆一样的照明，那感觉最好了，是不是？但将美术馆的照明方案用于室内住宅时，有以下3个关键点：

· 遮挡自然光。

· 真实呈现色彩。

· 防止眩光。

大家在美术馆经常会看到类似"为了保护作品，光线较暗"这样的说明。图4.61中显示了光的相对视见度及相对损伤度。对人来说，可见光的范围为380 ~ 780 nm。在300 ~ 380 nm的紫外线区域的损伤程度为95%，380 ~ 780 nm的可见光的损伤程度为5%。短波长的光照久了，会造成颜色褪色，让材料自身也变得容易破损。

LED的光谱分布中几乎不含有紫外线和红外线（第25页），但可见光区域380 ~ 470 nm范围内容易对眼睛造成损伤的光也不是零。此外，红外线所造成的伤害及紫外线造成的褪色，同光的量（光照度 × 照射时长）形成一定比例。由于长时间高光照度照射会引起损伤，因此美术馆会降低光照度以保护美术品。

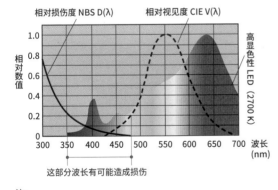

注：
1. 相对视见度 CIE V(λ)：参考图 1.17（明视觉）。
2. NBS：美国国家标准局（National Bureau of Standards），1988 年改组为美国国家标准与技术研究院（National Institute of Standards and Technology，缩写为"NIST"）。
3. D(λ)：紫外线的光学特性。

图 4.61 光的相对标准视见度和相对损害程度
[出自日本照明学会《照明手册》（2002 年第二版）]

1. 遮挡自然光

要想达到美术馆的照明条件，不仅需要遮挡人工照明，还需要遮挡自然光。可以使用防紫外线的玻璃，或者在窗户玻璃上贴上防紫外线的过滤膜。但这样也无法 100% 避免紫外光，因为自然界中自然光的量较多，只能尽可能避免自然光照射艺术品，这一点是非常重要的。

表 4.2 介绍了根据展示品的不同种类而推荐的照明条件。根据展示品对光的敏感度分为3 个阶段，每个阶段各有推荐的光照度、光色和显色性标准。

表 4.2　不同展示品的照明标准

场所、工作种类		推荐光照度 (lx)	光色	显色性
展示区域	对光线非常敏感的物品	染色纺织品、服装、挂毯、水彩画、书法、手稿、邮票、印刷品、墙纸、染色的彩色皮革制品、珍珠、自然标本	○ 50	暖、中	1A
	对光线相对敏感的物品	油画、钢笔画、壁画、未染色的皮革制品、角、骨、象牙、木制品、漆器	○ 150	暖、中	1A
	对光线不敏感的物品	金属、石头、玻璃、宝石、珐琅彩	○ 500	暖、中、冷	1B
美术馆整体			50	暖、中、冷	1B
映像和利用光的展示品			10	暖、中、冷	1B

注：1. 对于"对光线非常敏感的物品"，年累计光照度应低于 1.2×10^5 lx·h，对于"对光线相对敏感的物品"，应低于 3.6×10^5 lx·h。
　　2. 表中的"○"表示可以采用局部照明获得。
　　3. 表中光色的"暖"在 3300 K 以下，"中"为 3300 ~ 5300 K，"冷"在 5300 K 以上。
　　4. 显色性 1A 表示 $R_a > 90$，1B 表示 $90 > R_a > 80$。

2. 真实呈现色彩

如上所述，根据展示物来调整光线的明亮度、色温和显色性是非常重要的。对于绘画作品，比起油画，水彩画对光线更敏感。同时，根据季节改变展示画作，以及根据画作的种类选择适当的照明也是非常重要的。

对于光色，也要根据画作的内容来区分使用色温。例如约翰内斯·维米尔的《倒牛奶的女人》中，早晨的阳光从窗口射入，因此可以用稍高的色温照明，以增强自然光的氛围。而伦勃朗·凡·赖恩所画的《守夜人》，正如其标题所示，画面内是夜景，因此采用低色温照明更能营造出夜晚的氛围。

表4.2中显示了画作的显色性标准,即"1A"。根据注释,我们可以知道其显色性高于90,因此采用高显色性LED可以更好地欣赏画作的颜色。

3. 防止眩光

由于美术馆中艺术品的种类、大小多样,通常使用轨道与射灯的组合来灵活设计照明。

图4.62中采用射灯作为画作照明,并显示了画作和灯具之间的位置关系。画作一般要悬挂在比视线稍高的位置,且稍微向下倾斜展示。有些画作的周边有装饰物,或者装裱厚度较厚,如果照明灯具的位置较近,容易使装裱材料在画作上投下阴影,若是油画的话,也会更加突显画面的凹凸不平。一般情况下,应以画作下方为起点,在与画作夹角20°以上的延长线以外的区域安装照明灯具来照射画作。

另外,如果照明灯具和画作的距离较远,为了保护画作而设的外部玻璃面会反射光线,进入观赏者的眼中,有可能产生反射眩光。图4.62中显示,在与画作上端正反射线夹角10°左右的延长线以内、与画作下方夹角20°以上的延长线以外的区域,是适宜安装照明灯具的范围。

还有一点需要注意,在展示过程中,如果周围的光线过于明亮,通常会使观赏者自身或背景映入画框,令人难以看清画作本身。因此在画作对面的铅垂面上,应尽量保持较暗的光线。

最后,这些眩光会根据视角的位置和画作的大小而变化,因此在住宅中,要想在某处欣赏画作,就要考虑照明灯具的位置。

作为艺术照明灯具,有图片照明灯具和壁龛照明灯具两种。壁龛照明灯具将在图4.82(第184页)中介绍,图4.63中介绍了图片照明灯具的案例。两种灯具都是直接型配光,特点是灯具部分用支架或灯臂支撑出来。像这样与墙壁保持一定距离的方式,更容易照射到墙壁一侧。如果画作不大,也可以使用这样的灯具来照射。但是因为有一定宽度,在走廊等场合使用时,为了不妨碍行动,需要考虑安装高度。

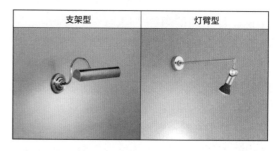

图4.63　图片照明灯具的案例

●欣赏艺术品的照明。

图4.64介绍了欣赏艺术品的照明案例。参考图4.62的画作与灯具的位置关系,在不产生反射眩光且容易照射整幅画作的范围内考虑灯具的安装位置。照明手法上,采用了建筑化照明灯具用于凹槽照明,照亮整个墙壁,同时还使用了小型射灯。另外,在装饰架内使用了线形灯具,让装饰架内部整体突显出来,让人可以欣赏陶器、雕刻等立体艺术品。

照亮整个墙壁的凹槽照明是用来欣赏壁毯这类轻薄而平面的艺术品的照明。如果想欣赏绘画,需要把亮度调低,用射灯来照明,这样可以让气氛更加戏剧化。沙发区域和桌面采用防眩光的万向筒灯照射,只照亮水平面,消除灯具的存在感,不影响欣赏,营造享受艺术的氛围。

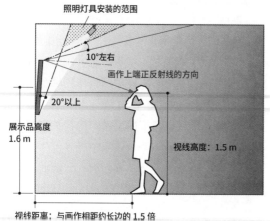

图4.62　画作与照明灯具的位置关系
[出自照明学会《照明手册》(2002年第二版)]

方案　表达颜色的光

配光示意图和照明要素的组合

采用防眩光的万向筒灯作为
桌面的照明

采用建筑化照明灯具用于凹槽照明（a），
搭配小型射灯（b）

橱柜灯

线形灯具用于装饰
架内的照明

剖面图

A. 装裱较厚的画

凹槽照明：70%（亮度）；小型射灯：100%（亮度）

B. 装裱较薄的画

凹槽照明：80%（亮度）；小型射灯：关

3D 光照度分布图

3D 光照度分布图

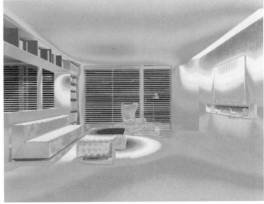

| 0.1 | 0.2 | 0.3 | 0.5 | 1 | 2 | 3 | 5 | 10 | 20 | 30 | 50 | 100 | 300 | 1000 | 15000 | lx |

3D 照明计算软件 DIALux evo 9.2，维护系数 0.8
【反射率】天花板：70%；墙壁：50%；地面：10%

图 4.64　适用于在客厅欣赏艺术品的照明

场景 17. 欣赏绿植

近年来，户外活动和露营越来越火，人们在自家庭院享受这种生活状态的频次也逐渐增加。想要在夜间欣赏庭院景色，绿植照明是不可缺少的。欣赏绿植的照明设计有以下 4 个关键点：

· 具备防水性。
· 突显树木的立体感。
· 选择色温。
· 防止反光。

1. 具备防水性

在室外使用时，在屋檐下应选择防潮型灯具。如果是直接淋雨的地方，则需要使用防水型灯具。

2. 突显树木的立体感
（1）中高高度的树木

通常使用插地式射灯（第 54 页图 2.24）来做中高高度的树木的照明。图 4.65 显示了采用插地式射灯作为树木照明的方法。安装射灯时，如果照明方向和视线不重叠，可以根据树的高度，在 3 ~ 4 个地方安装灯具以使灯光覆盖全树。如果视线与照明方向相同，可以只在两处安装照明，以呈现树木的立体感。大多数时候，我们会从侧边观察树木，为了照亮树木的侧边，应在离树木稍远处安装灯具，这是一个关键点。

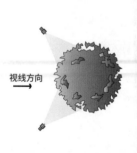

视线方向 →

图 4.65　从下方照亮树木的射灯的安装位置

树木分为常绿树、落叶树等，根据树木的种类和种植位置的不同，其照明手法也稍有不同。图 4.66 说明了对应树木不同种类及位置的照明手法。

A. 落叶树 B. 常绿树

C. 松树 D. 椰树

E. 离建筑物较近的树木 F. 离建筑物较近的高大树木

图 4.66　不同树种及位置的对应照明方法

图 4.66A 中落叶树的树叶较薄，光线容易透过，即使在树木较近的地方进行照明，也可以获得灯光效果。反之，图 4.66B 中常绿树的树叶较厚，光线不容易透过，因此有必要在稍远的地方从侧面照亮树木。此外，在离树木较近的地方照射时，应采用广角配光；在离树木较远的地方照射时，应采用狭窄角度或中等角度配光。总之，根据树木的大小及照射距离的远近来选择照明的强度和照射范围是非常重要的。

图 4.66C 中松树的照明，或在树干附近照射，或从距离树木较远的地方照射，可以突显松树的特征。图 4.66D 中椰树的照明，从树木的正下方垂直向上照射，可以同时照亮树干及上面的枝叶，一般这种手法比较常见。第 67 页介绍了埋入地中的照明灯具，这种灯具容易被落叶覆盖，出光面的玻璃也容易污损，为确保照明效果，应对灯具进行定期维护管理。在离建筑物较近时，可以采用如图 4.66E 所示的在建筑物外墙安装射灯的照明方法。图 4.38(第 148页) 从浴室向外观赏绿植时，只照射从窗外可以看到的部分即可。如图 4.66F 中较高大的树木，从上向下照射时，树木的影子会落在地面上（第 81 页图 2.71 ），呈现出树影斑驳的效果。

（2）树木较矮时

当树高不满 1 m 时，可采用草坪灯进行照明。如图 4.67 所示，可根据绿植的位置来区分使用配光。关于草坪灯，在图 2.73(第 82 页) 中介绍了不同配光类型的照明灯具。图 4.67A 中当绿植在屋檐下距离建筑物较近时，使用漫射型配光的灯具，可以使建筑物的铅垂面及屋檐下都较为明亮。如果树木的位置离建筑物较远，可以采用直接型配光或者如图 4.67B 中采用半直接型配光的照明来照亮绿植，同时也会照亮院中小径。图 4.67A 中的照明有吸引目光的效果，但上方照明充足时，脚下的光线会不足。照亮矮树丛和树木时，可以采用如图 4.67C 中使用直接 - 间接型配光的草坪灯，既确保脚下光线，又可以照亮树木（第 114 页图 4.1 ）。图 4.67C 中，如果上方没有接收光线的树木的话，照明效果会减半。图 4.67D 内置小型射灯，可以调整照射方向。

3. 选择色温

通过调整照明灯具的安装位置和使用不同色温，可以根据树木种类和特征，获得相应的照明效果。图 4.68 介绍了庭园中的照明案例。

图 4.68A 在池塘前方进行照明，不仅可以降低照明灯具的存在感，同时获得树木倒映在池塘的照明效果。采用中等角度配光及广角

A. 漫射型配光   B. 半直接型配光

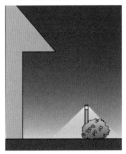

C. 直接 - 间接型配光   D. 直接 - 间接型配光

图 4.67　不同配光类型的草坪灯照明手法的案例

A. 横跨池塘的照明案例

B. 组合色温用于松树照明

图 4.68　日本白水阿弥陀堂的照明案例

配光的照明来照射近处的中等高度树木，用狭窄角度配光的照明来照射里面的高树，体现了区分使用光的强度和光的照射范围的效果。图4.68B中左侧松树的照明中，在离树干较近的地方采用 2700 K 的灯光，离上方较远的地方采用 5000 K 的插地式射灯来照射。

4. 防止反光

在夜间从室内向庭院眺望时，玻璃窗上容易映射室内的景象，会导致看不清室外的景色。图 4.69 呈现了避免室内玻璃反射的亮度条件。从理论上来说，产生这种现象是因为，天花板和墙壁的光通过窗户反射进入人眼，且这部分光线的亮度比庭院要高。也就是说，如果室外树木或墙壁的映象在通过玻璃进入人眼时，其表面亮度（透过图像的亮度）比室内反射图像的亮度要高，就可以避免室内景象的映射。

从室内眺望庭院，首先要在室外安装并设计照明布局。上述案例中安装的插地式射灯和草坪灯，有些灯具有使用室外插座的种类，需要事先在外墙处预留电源插座。

如图 4.69 所示，若将室内灯光调暗，室内的墙壁也容易映射到窗户玻璃上，因此控制垂直面的明亮度也是非常重要的。

图 4.70 介绍了欣赏绿植的照明方案。图4.70B 采用从下方照射室内观赏植物的方法，植物的影子会映射到墙面和天花板上，产生树影婆娑的浪漫之感。不仅是室外树木的照明，将漫射型配光的台灯和草坪灯放置在低处，便可以得到和行灯一样的照明效果，营造出休闲放松的氛围。

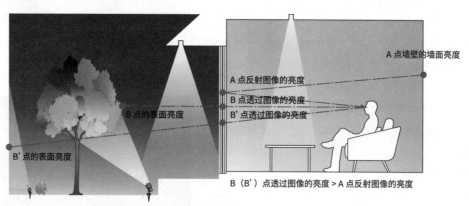

图 4.69 避免室内景象映射到窗户玻璃上的亮度条件
（出自日本照明学会《住宅照明设计技术指南》）

专栏 4

绿色和光

植物经过光照，吸收水分和空气中的二氧化碳进行光合作用，合成碳水化合物，释放氧气。这便是光合作用，需要接受光照才能进行。然而，植物和人一样都需要休息，虽然夜间为树木点灯是创造绚丽夜景不可或缺的一部分，但即使是小型霓虹灯，长时间照射，也会对树木造成光害，因此在午夜后应关闭对树木的照明。

此外，基于光对光合作用及植物生长的影响，一些工厂已经开始利用这些技术进行植物栽培。比如控制温度和湿度等，采用培养基代替土，并使用 LED 照明来照射室内农作物。这样可以避免恶劣天气和自然灾害等对农作物的影响。近些年还出现了一些用于室内装饰的无土培育的绿植。

方案 室内魅惑的绿光

配光示意图和照明要素的组合

采用线形照明作为
观赏植物的照明

在凹槽内安装射灯用
于桌面照明

采用凹槽照明作为
建筑化照明

架子下方安装的灯具，
用来照明沙发

在屋檐下安装了用于室外的
射灯，作为室外露台的照明

采用插地式射灯作为
树木的照明

夹板式射灯用于观赏植物的照明

采用固定式照明作为
装饰照明

A. 欣赏室内绿植时

凹槽照明：50%（亮度）；其他照明：100%（亮度）

B. 欣赏室外绿植时

凹槽照明、柜子向上照射的灯：关；其他照明：100%（亮度）

3D 光照度分布图

3D 光照度分布图

| lx | 0.1 | 0.2 | 0.3 | 0.5 | 1 | 2 | 3 | 5 | 10 | 20 | 30 | 50 | 100 | 300 | 1000 | 15000 |

3D 照明计算软件 DIALux evo 9.2，维护系数 0.8
【反射率】天花板：70%；墙壁：50%；地面：10%

图 4.70　欣赏绿植的照明方案

接下来我们来介绍一下适合待客的照明设计，为了实现和客人共度美好时光的愿景，我们将结合引人入胜的住宅外观、享受派对和住宿用和室等场景进行阐述。

场景 18. 引人入胜的住宅外观

在商用建筑的设计中，为了强调建筑的特点，吸引人的注意力，经常会设计一些引人注目的灯光效果。而家居住宅更注重便利性，在此基础上再考虑外观设计。第 114 页中介绍了迎客灯的概念，但是过度使用灯光或者光线外漏，会对周边住宅造成光害（第 82 页），这是不可取的。为了使外观可以引人入胜，且不会干扰周围环境，在照明设计上需要注意以下 3 点：

·墙壁照明。
·绿植照明。
·呈现室内光线。

1. 墙壁照明

照亮墙壁时，光线由下向上照射，可以更好地呈现墙壁和屋檐。图 4.71 介绍了根据外玄关上方是否有屋檐（雨棚），选择不同的配光和照明设计的手法。

图 4.71A 中直接在屋檐下方安装直接型配光的筒灯。可以照亮门的铅垂面和地面。图 4.71B 中采用直接 - 间接型配光的壁灯，不仅可以照亮门的铅垂面和地面，还可以通过间接照明照亮上方屋檐。图 4.71C 中，当门上方没有屋檐时，采用直接型配光的壁灯，可以照亮门的铅垂面和地面。图 4.71D 中采用漫射型配光的壁灯，同样可以使门的铅垂面和地面获得光线，但是其明亮度不及前 3 种方法。然而，通过其发光效果，却可以达到吸引人目光的作用。在外玄关安装壁灯，开关门时可以看清钥匙孔。安装的高度一般在 1.7 ~ 2 m 之间（第 72 页图 2.54）。如果外玄关上有名牌或邮筒侧面凸出墙壁的部分，应注意不要让其遮挡光线。

2. 绿植照明

图 4.65、图 4.66（第 172 页）介绍了绿植照明的方法，图 4.72 则介绍了当矮木距离建筑物外墙、围栏等较近时的照明方法。和墙壁平行的树木，根据照明灯具的位置不同，其照明效果也有所变化。

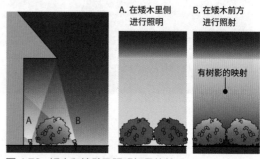

图 4.72　矮木和墙壁及照明灯具的关系

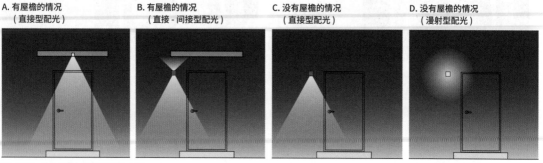

图 4.71　外玄关的照明设计方法

图 4.72A 中矮木呈现剪影效果，图 4.72B 中照射矮木的剪影投射在墙壁上，得到了阴影效果。图 4.72A 中墙壁下方较明亮，图 4.72B 中墙壁上方较明亮。

图 4.73 介绍了对树木进行灯光设计的住宅外观照明案例。

图 4.73　对树木进行灯光设计的住宅外观照明案例
　　（A. 建筑设计：里山建筑研究所；庭院设计：高田造园设计事务所；摄影：中川敦玲
　　B. 建筑设计：LAND ART LABO 株式会社、Plansplus 株式会社；摄影：大川孔三）

图 4.73A 是和庭院设计事务所共同设计的，从在室内外观看绿植的设计理念出发来进行照明设计（第 83 页图 2.74）。在外玄关安装了直接型配光的壁灯，可以照亮玄关的墙壁和地面，使得入口更容易辨识。此外，采用了草坪灯和插地式的射灯用于树木的照明，可以在外玄关的入口及客厅位置欣赏绿植。

图 4.73B 采用了直接 - 间接型配光的草坪灯和安装于屋檐内侧的射灯，用于照射从外部到外玄关的小径（第 114 页图 4.1）。灯具自身并不显眼，通过照亮外墙壁、地面、树木等来营造随意的氛围。此外，从室内及储物间漏出的光线也可以营造出独一无二的夜景。

3. 呈现室内光线

当看到温暖的窗灯时，会给人特别放松的感觉。图 4.73 的案例也是一样，从室内透出的光线会对建筑的外观呈现起非常大的作用。图 4.74 介绍了利用室内光线的住宅外观照明案例（全景见第 73 页图 2.56A）。在左侧外玄关的外墙上安装了直接 - 间接型配光的壁灯（图 4.74C），在客厅外的露台采用射灯向上照射（图 4.74B），更加突显屋顶的形状（图 4.74D）。在第二层，采用了漫射型配光的吊灯和轻薄型 LED 线形照明安装于横梁上，作为间接照明（图 4.74A），让天花板更加明亮。可见，发挥建筑设计的特征来进行照明设计，让室内光线呈现到住宅外观中，是其中非常重要的一环。

图 4.74　利用室内光线的建筑外观的照明
　　（建筑设计：水石浩太建筑设计室；摄影：Tololo Studio）

场景 19 . 享受派对

想要追求独一无二的派对体验，就要营造出不寻常的氛围。而要呈现不寻常氛围的照明设计，有以下 3 个关键点：

· 彩色照明。
· 从下向上照射。
· 体现亮度。

1. 彩色照明

目前不进行专门的照明装修也可以在室内轻松配置彩色照明。图 1.22（第 23 页）介绍了各种可调色、调光以及可变颜色的照明灯具。图 4.75 介绍了在客厅和卧室采用彩色照明的案例。左侧的图是平常的情景，中间和右侧的图都是光色变化或者改变光线组合的结果。方法是使用 LED 球泡灯代替传统光源，或者使用可以插座供电的带状灯和台灯，这样不仅可以营造出彩色的氛围，还能使日常氛围焕然一新。

图 4.76 介绍了派对时采用的彩色照明，营造出热闹非凡的灯光效果。

A. 客厅

B. 卧室

图 4.75　在住宅中采用彩色照明的案例

2. 从下向上照射

图 4.76 中，餐厅外的走廊及客厅采用了一体化照明，加上庭院的照明，不仅可以营造出有别于日常的氛围，在派对时还可以自由地调整光线。

此案例的室外灯光在夜间呈现出了独特的魅力。这是因为，夜间突显照亮部分的光线和自然光从上向下照射不同，是从下向上照射的，因而营造出不同于日常的独特的感觉。欣赏绿植的光线也是同理，图 4.70 B（第 175 页）中将照射观赏植物的光线设置为从下向上照射，让绿植的阴影落在墙壁和天花板上，便可营造不同于日常的感觉。

庭院围栏的照明，如图 4.72A（第 176 页）一样，在矮木的里侧安装室外用的线形灯具，从下向上照射，既可以隐藏灯具，又能体现庭院的开阔感。

图 1.6（第 12 页）介绍了人脸的照明视觉效果。从下方照射人脸的视觉效果和正常情况有很大差异，因此在有人停留的地方，如果要采用从下向上照射的灯光的话，需要特别注意这一点。另外，从下向上照射时，为了避免产生眩光，应选用可以使用灯罩或者遮光板的灯具（第 36 页图 1.43），并注意安装位置。

3. 体现亮度

现在很多地方会举办灯光秀，比如采用多点光源的霓虹灯，星星点点的闪烁发光，特别美丽。如果在派对中使用多个这种小型且亮度较高的照明灯具，可以增加热闹的氛围。

第 163 页介绍了丹麦人"Hygge"的享受生活的理念，其中烛光是不可或缺的一部分。现在很多 LED 灯具和电池式、充电式照明灯具都有类似烛台的造型设计，可以不用顾虑电源和电线的位置，随时随地使用。在室内，可以调暗一般照明、凹槽照明及桌上的射灯，这样更方便欣赏小型霓虹灯和室外灯光。

方案 展现非日常的光

配光示意图和照明要素的组合

在内部凹陷处安装灯轨和射灯

采用带状灯作为厨房的凹槽照明

3 盏万向筒灯为一组的系统灯

直接型配光的吊灯

采用夹板式射灯作为观赏植物的彩色照明

采用室外射灯作为露台照明

采用室外线形照明作为向上的照明

采用漫射型配光的可直接安装的灯具

A. 日常进餐时

围栏照明、室外射灯：关
观赏植物的照明：关；其他照明：100%（亮度）

3D 光照度分布图

B. 室内外整体进行派对的时候

3 灯一组的系统灯：20%（亮度）；厨房凹槽照明、餐桌上的吊灯：40%（亮度）
观赏植物的照明：彩色照明；其他照明：100%（亮度）

3D 光照度分布图

| 0.1 | 0.2 | 0.3 | 0.5 | 1 | 2 | 3 | 5 | 10 | 20 | 30 | 50 | 100 | 300 | 1000 | 15000 | lx |

3D 照明计算软件 DIALux evo 9.2，维护系数 0.8
【反射率】天花板：70%；墙壁：50%；地面：10%

图 4.76 享受派对时光的照明方案

场景 20. 住宿用和室

采用木质材料和榻榻米组建的和室，能营造出一种放松的氛围。铺上被褥，就可以使其功能由客厅向卧室转换。在装修时既可以采用日本传统的装修风格，又可以采用现代化的日式装修风格，进行多样化处理。这里我们将着眼于招待客人这一功能，即从客厅兼卧室的角度来对以下 5 个照明设计的关键点进行说明：

· 日式风格的体现。
· 低色温光照。
· 防止眩光。
· 抑制光亮。
· 装饰壁龛。

1. 日式风格的体现

根据传统的建筑风格及室内装修材料的不同，很多照明厂商提供了适用于比如和室这样的日式住宅的照明灯具的产品目录。图 4.77 介绍了用于日式住宅的主要照明灯具的种类。

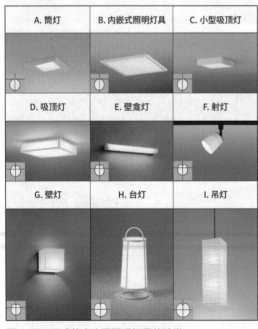

图 4.77　日式住宅主要照明灯具的种类
（图片提供：Odelic 株式会社）

第 2 章介绍了主要的灯具分类，日式照明灯具也基本对应其分类。通常情况下，采用木材质、和纸，以及用和纸调和的亚克力材料制作为灯身，灯具自身的发光多为半直接型配光。当然，虽为日式空间，也不一定非要选择日式的照明灯具，重要的是根据室内装修材料的特点来选择灯具。此外，用于室外的墙壁灯可搭配日式建筑的设计风格，且种类繁多。

在和室中安装照明灯具会对天花板和墙壁产生一定影响，这是和室独有的特点。例如采用竿缘天花板（译者注：日式木造天花板中较为常见的种类，板材厚度不超过 0.6 cm，两侧裁切成刀刃状，彼此贴合，底面以细长竿缘加固）和格栅式吊顶（译者注：用平行栅条组成的木质天花板）时，应根据竿缘板块和格栅板的间距来安装照明灯具。即使是墙壁，也要关注一下类型，无论是可以看到构造材料的明柱墙，还是看不到构造材料的隐柱墙，都会影响照明灯具的安装。在明柱墙上安装壁灯时，要注意柱子的位置和推拉门上方长押（译者注：长押，用于日式建筑中，是水平连接柱子的构件）的高度。有壁龛时，在壁龛上方内侧安装壁龛灯，可以很好地欣赏壁龛内的装饰物。

2. 低色温光照

在历史上，蜡烛和行灯作为夜间照明工具被长期使用，因此日式照明灯具多采用低色温。但是根据照明对象来选择照明灯具的色温是非常重要的，比如在壁龛处放置绿植时（第 184 页图 4.82），为了突显植物的绿色，应选用高色温的照明。此外，图 4.78D 的明亮型天花板中采用可调色、调光的照明灯具作为顶灯，还可同时实现昼夜节律照明（第 17 页）。

3. 防止眩光

在和室中安装床时，应事先想好视线的位置，因为要避免灯具产生眩光。如果还没有确定空间用途，可以在天花板中央安装吊灯或吸顶灯，首先保证光线有利于人的各种行为，然后再考虑避免产生眩光。此外，还要注意在和室中铺上床褥休息时的视线。

图 4.78 介绍了和室的照明方法。和室中最需要注意的是图 4.78A 中采用吊灯的场合。摆放矮桌、铺被褥等会让室内布局有所改变，因此安装吊灯时，要注意其下垂高度不要妨碍人的站立。

灯具应采用看不到光源的漫射型配光，或者如图 4.78A，选用灯具开口直径较小的半直接型配光的吊灯。总之，应选择防止眩光的灯具。

图 4.78B 中采用暗柱墙的日式现代室内装修风格，墙壁看上去过于平面化，因此安装了漫射型配光的壁灯。在照亮墙壁的同时，这种适当的明亮感也可以营造出较为放松的氛围。此外，采用广角配光的筒灯作为矮桌的局部照明，可以用于读报纸和写书法等多种活动。

图 4.78C 中，长押和鸭居（即和室门窗中的拉门门框，设置在上方）一体化且采用凹槽照明，可使用细窄型的带状照明灯具（第 182页图 4.80C、第 60 页图 2.31B）。天花板的反射率不同，照亮天花板的凹槽照明所产生的

亮度也会有所变化。和室中由于采用木质材料较多，反射率较低，因此采用了筒灯，以确保矮桌面的明亮度。图 4.78C 中将筒灯安装在竿缘天花板下，是注意到了天花板的布局，这样安装，更有利于突显建筑风格。

图 4.78D 中，竿缘天花板和格栅式吊顶的天花板空间较高，可以在其中一部分采用明亮型天花板的设计。让与天花板呈现一体化设计的照射面呈现出柔光，可以获得顶灯的照明效果。

图 4.79 介绍了明亮型天花板在安装照明灯具时的注意事项。通常情况下，如图 4.79A，光源距离乳白色灯罩的距离相同且光源之间距离相等时，可以产生均匀的光线。但是在室内住宅中，很难设置中空的天花板，因此如果增加灯具的数量，容易造成过度明亮。

如果没有中空的天花板构造，可以像图 4.79B 一样，在天花板向上凹陷处安装照明灯具，采用双方向的照明。此时，天花板向上凹

A. 悬挂日式吊灯

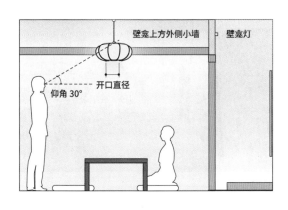

B. 日式现代室内装修风格

C. 长押和鸭居一体化的建筑化照明

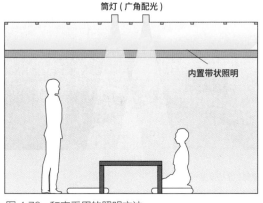

图 4.78 和室采用的照明方法

D. 一部分是明亮型天花板时

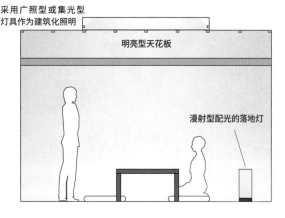

陷处采用白色涂层，以提高反射率，获得均匀光照。这种用于明亮型天花板的照明手法，也可以用于明亮型墙壁。

图 4.80 是和室的照明案例。图 4.80A 是酒店的客厅，天花板上没有安装照明灯具，降低了明亮度的重心，呈现出一种休闲放松的氛围。

图 4.45（第 153 页）介绍了日式旅馆的客房。在室外的连廊采用了防水型灯具，可以放置在地板上（第 75 页图 2.60)，和庭院中照亮树木的灯具交相辉映。即使在夜间，也可以欣赏外面的景色。

图 4.80B 在 LDK 空间的一个角落设置了榻榻米空间。榻榻米和其他地面采用同一高度，天花板的装修也采用了同样的设计理念，筒灯以两盏为一组进行安装。这种韵律感贯穿始终，使其与 LDK 空间合为一体。

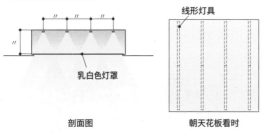

A. 天花板中空高度较高时

线形灯具

提高内部装修材料的反射率

乳白色灯罩

剖面图　　　　朝天花板看时

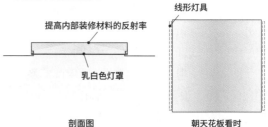

B. 天花板中空高度较低时

线形灯具

乳白色灯罩

剖面图　　　　朝天花板看时

图 4.79　明亮型天花板的照明灯具的安装方法及注意事项

A. 降低明亮度的中心，可从外部欣赏的光线

B. 营造出整体感的光线

C. 利用建筑设计特色的光线

D. 将和风建筑风格变换成现代建筑风格的光线

图 4.80　和室的照明案例

（A. 建筑设计：马场正尊建筑设计事务所、东山明建筑设计事务所；摄影：金子俊男

B. 建筑设计：水石浩太建筑设计室；摄影：Tololo Studio

C、D. 建筑设计：LAND ART LABO 株式会社、Plansplus 株式会社；摄影：大川孔三）

图 4.80C 的案例在图 2.31B（第 60 页）中也有介绍，设计方式是在推拉门的构件上方安装带状照明灯具作为凹槽照明。采用轻薄型的带状照明灯具，可以在不改变构件厚度的情况下实施建筑化照明。

图 4.80D 案例为了减轻电视机画面和背景墙的亮度差异（第 167 页），在电视墙上采用了檐口照明。网格状天花板上安装了方形的万向筒灯，以确保空间整体的明亮度，同时采用了调光功能，既可以减轻在连廊通高空间中的地脚灯和树木照明的反光（第 174 页图 4.69），又能享受光线带来的特殊氛围。

4. 抑制光亮

当设定的使用场景为住宿时，可以通过照明的开关和调光来控制明亮度，以促进良好的睡眠。比如在枕头附近使用台灯，手边放一只可以调光的按钮或者遥控器等，便能营造一个良好的有助于睡眠的空间氛围，这一点是非常重要的。

5. 装饰壁龛

很多和室都设计了壁龛，壁龛也是体现迎客照明设计的场所。挂画和插花都是和室常有的体现四季变换的装饰品，展现出了主人的待客之道。

图 4.78A（第 181 页）中，通常会在壁龛前上方的墙壁内侧安装壁龛灯（第 180 页图 4.77E）。但只安装壁龛灯的话，虽然可以照亮必看的上方空间，却没有办法体现立体感，因此可以采用图 4.78B 中这种组合照明的方法，即在照亮壁龛内侧的全部空间时，搭配使用照亮挂画等的平面照明和照亮器具、鲜花的立体照明。也就是说，可以根据壁龛的宽度和向内延伸的深度，以及装饰对象来选择和变换合适的照明方法。

图 4.81 展示了商店照明中的迎客灯兼装饰照明的案例。商店内摆设了盆栽，基础照明采用了暖色调的暖白色（2700 K）照明来营造温暖亲切的氛围，照亮盆栽时则采用了白色光（4000 K），强调了绿植生机勃勃的样子。可见，从突显照明对象特征的角度来选择灯具色温是非常重要的。

图 4.81　店铺照明的装饰效果的案例
（室内装修设计、图片提供: Kusukusu Inc.）

图 4.82 介绍了有利于欣赏和室中壁龛的照明方案。照亮壁龛整体时，采用了斜射光配光（第 62 页）的建筑化照明灯具 [图 4.82 方案 1 壁龛剖面图（a）]，照射时强调壁龛的高度，同时可以体现光线的延展性。

图 4.82B 的场景中搭配使用了狭角配光的万向筒灯 [图 4.82 方案 1 壁龛剖面图（b）]，可以突显盆栽等的立体效果。照射盆栽的万向筒灯的色温多为 4000 K，在强调绿色的同时，可以营造出仿佛有自然光射入的氛围。

采用用于一般照明的方形筒灯，这种广照型配光可以使榻榻米整体笼罩在柔光当中，通过不照亮墙壁的方式来突显壁龛的视觉效果。

充分发挥生活方式特点的分场景照明技巧

方案 1. 从壁龛装饰展示待客之道

配光示意图和照明要素的组合

壁龛剖面图

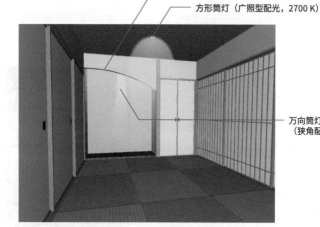

用于建筑化照明的灯具（斜射光配光，2700 K）（a）

方形筒灯（广照型配光，2700 K）

万向筒灯
（狭角配光，4000 K）（b）

A. 装饰挂画时

檐口照明：100%（亮度）；万向筒灯：关

B. 装饰盆栽时

檐口照明：40%（亮度）；万向筒灯：100%（亮度）

3D 光照度分布图

3D 光照度分布图

3D 照明计算软件 DIALux evo 9.2，维护系数 0.8
【反射率】天花板：31%；墙壁：70%；地面：47%

图 4.82　适于欣赏壁龛处不同艺术品的照明方案

专栏 5
极具日式风格的照明

图 4.83A 是一款名叫"豆腐"的壁灯，是采用直条纹的杉树条作为外部框架的材料，在外侧采用豆腐贴法（译者注：将和纸包裹在直条纹木材的框架外侧，让灯具呈现四四方方的形状）贴上和纸制作而成。第 182 页中图 4.80A 中，使用了特别定制的小型豆腐壁灯。通过隐藏框架材质，营造出日式空间独有的休闲之感，同时空间也可以兼具现代风格。

和纸给人的感觉是容易破损，换一种角度来看，也可以重新粘贴。因此，如果能够小心谨慎地使用，可以用很久。

图 4.83B 的线条型吊灯是日本雕刻家野口勇设计的"AKARI"系列照明灯具中的一种。它不仅是吊灯，还是台灯，用和纸制作的灯罩大小和形状种类也极其丰富，并且也可以替换灯罩。这种灯具不仅可以用来照明，也可以作为发光的雕刻艺术品来装饰空间。

A. 兼具现代风格的和室

（图片提供：三浦照明株式会社）

B. 兼具艺术品效果的照明灯具

图 4.83　极具日式风格的照明
　　（A. 建筑设计：LAND ART LABO 株式会社、Plansplus 株式会社；摄影：大川孔三
　　　B. 建筑设计：里山建筑研究所；摄影：中川敦玲）

图 4.84 介绍了将和室作为待客间的照明方案。在推拉门的上方（鸭居）安装了轻薄型的带状灯作为凹槽照明。天花板上采用了方形筒灯，不仅可以照亮矮桌的上方，也可以让整个空间获得光照。在电视机的背面安装了线形照明作为背景灯，降低了电视画面和背景墙的亮度差，有助于缓解视觉疲劳。

此外，使用小型的漫射型配光落地灯也是非常方便的。虽然这不是日式照明灯具，但其漫射型配光的特点可以获得和行灯一样的照明效果。灯具发出适度光线并置于地板上，可以营造出休闲的氛围。而充电式台灯还可以在入睡前移动到枕边，非常方便。

图 4.85 是 LDK 空间中设置榻榻米角落的照明案例。此独立空间没有采用墙壁进行空间划分，因此在照明手法上，既可以设计具有整体感的照明，又可以采用其他照明手法让空间具有一定独特的存在感。此案例中采用了和天花板装饰梁一体化的照明手法，在其上安装了灯轨，并在必要的地方安装射灯，通过调整照射方向，确保全局光照。此外，在墙壁的凹陷处安装了橱柜灯，增强了空间整体的装饰效果。搭配漫射型配光的台灯作为装饰照明，如图 4.85B 的场景，当客人留宿时，可以作为枕边照明来使用。

可见，即便是 LDK 一体化空间，也可以发挥日式风格的设计来营造空间氛围。

第 4 章

充分发挥生活方式特点的分场景照明技巧

185

方案 2. 和式休闲舒适的光

配光示意图和照明要素的搭配

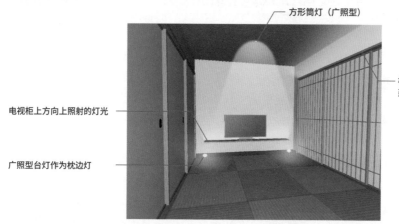

方形筒灯（广照型）

构件上方内置了胶带灯作为
建筑化照明

电视柜上方向上照射的灯光

广照型台灯作为枕边灯

A. 便于畅谈的光线

灯具：全部点亮

B. 就寝前的光

方形筒灯、构件上方的建筑化照明：关

3D 光照度分布图

3D 光照度分布图

0.1　0.2　0.3　0.5　　1　　2　　3　　5　　10　20　30　50　100　　300 1000　15000　　lx

3D 照明计算软件 DIALux evo 9.2，维护系数 0.8
【反射率】天花板：31%；墙壁：50%；地面：47%

图 4.84　在和室中体现待客之道的照明方案

方案 3. 榻榻米角落处的光

配光示意图和照明要素的组合

灯轨及射灯

墙壁内部凹陷处的橱柜灯

便携式桌面台灯

A. 在客厅 + 榻榻米角落休憩

灯具：全部点亮

3D 光照度分布图

B. 榻榻米角落就寝前

射灯：关（榻榻米角落上方），10%（亮度，客厅上方）
墙壁内部凹槽处的橱柜灯、桌面台灯：30%（亮度）

3D 光照度分布图

lx

0.1　0.2　0.3　0.5　1　2　3　5　10　20　30　50　100　300 1000　15000

3D 照明计算软件 DIALux evo 9.2，维护系数 0.8
【反射率】天花板：70%；梁：65%；墙壁：50%；榻榻米：35%；
地面：28%

图 4.85　榻榻米角落用于待客的照明案例

第 5 章

照明的实用知识和灯具的选择

第 1 节　事先需要掌握的照明知识点

从安装到维护

前几章介绍的照明基本知识点，不仅对照明设计师，对建筑师及客户也十分有帮助，应事先掌握。特别是传统灯具的LED化，即便是同样的金属卡口，也需要掌握要点，以保证安全使用，同时最大限度地发挥灯具的照明效果。而且了解照明灯具的控制方法和维护事项，也有助于实现享受生活的照明设计。

通高空间的照明

通高空间的特征是容易营造出开阔感，而提高墙壁和天花板的亮度，可以营造出具有开阔感的空间（第 42 页图 2.5）。但是，即便是寿命较长的 LED 灯也难免会出现故障。委托维修人员替换灯具不仅会产生维修费用，还会产生高处作业费。图 5.1 介绍了通高空间安装照明的方法及 4 个注意事项：

· 营造开阔感。

· 照射区域的可变性。

· 可维护性。

· 防止眩光。

1. 营造开阔感

通高空间会采用凹槽照明和平衡照明等建筑化照明的手法来提高建筑物的开阔感。采用半间接型配光和间接型配光的灯具也可以达到同样的效果（第 72 页图 2.54）。

图 5.1A 中一部分天花板较高时，将凹槽照明（a）的高度调节至与较低天花板同样的高度，同时采用同样的装修材料（第 62 页图 2.34），可以提高建筑的整体感。

当通高空间的设计中有向下的视线时，需要调整灯具的安装位置或遮光板的高度，使其不被看到（第 125 页图 4.9）。

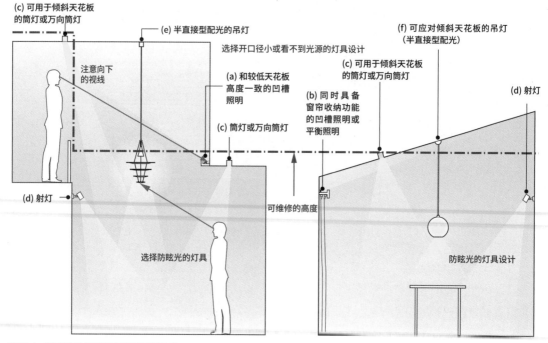

图 5.1　通高空间的照明手法和注意点

图 5.1B 是倾斜天花板的情况，应在高度较低的位置安装凹槽照明或平衡照明（b），这样可以使光线呈现完美的渐变。通过在高处安装照明灯具，并对灯具的安装方法进行合理计划，可以更好地展现光线渐变之美（第61页图2.33，第64页图2.40B）。

2. 照射区域的可变性

能改变照射方向的万向筒灯（c）最好安装在容易维修的高度，并从高处照射通高空间。虽然万向筒灯的照射角度有一定限制，但是可以通过在墙壁上安装射灯（d）来弥补光线的不足，因为射灯比筒灯更容易调整照射区域。此外，在上层的天花板上安装万向筒灯（c），可以在保证灯具易维护的同时，兼顾地板的光照，并调节光线照射范围。

3. 可维护性

住宅中的照明设计应尽量避免维护时的高处作业，因此在设计时就要注意灯具的安装高度。在通高空间中安装吊灯（e）时，选用可以替换灯泡的灯具，便可以方便以后维护。LED一体化灯具替换灯具时需要高处作业，而采用开放式的直接型配光或者半直接型配光的吊灯，便可以在下方进行灯泡的替换。

4. 防止眩光

当空间中有高度差时，安装吊灯时应考虑不要妨碍使用者的行动，在图 5.1B 的情况下还需要考虑是否配置家具，因而要综合考虑吊灯的安装高度。

在安装直接配光型或者半直接配光型的吊灯时，为了防止眩光，需要注意从下方观看的视线。选择灯具造型时要注意选用口径较小或者看不到发光部的灯具（第 36 页图 1.42）。

采用射灯的话，比较方便调整照射光线，但由于光线容易进入人的眼中，因此有产生眩光的可能。图 1.41（第 36 页）中介绍了采用带有灯罩或者遮光板的灯具，这种灯具可以防止产生眩光。

安装照明灯具的注意事项

1. 屋顶照明

（1）直接安装式

在安装吸顶灯和吊灯时，经常采用吊装式。有的照明灯具有专用的电源插座，如果可以兼容吊装式吸顶灯，在更换灯具时便可以不用重新布线。图 5.2 介绍了几种吊装式吸顶灯的吸顶盘。

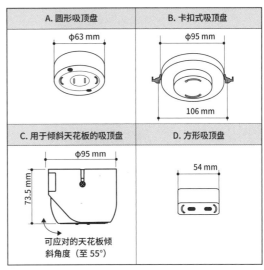

图 5.2 吸顶盘的主要种类

圆形吸顶盘（图 5.2A）经常用于吸顶灯或者吊灯。卡扣式吸顶盘（图 5.2B）用于重量大于 5 kg 的照明灯具，两侧的金属卡扣可以分担灯具重量，避免电线连接部分承受的重量过重。用于倾斜天花板的吸顶盘（图 5.2C）和方形吸顶盘（图 5.2D）主要用于吊灯，其中前者用于倾斜天花板，后者的体形最小，多用于和室的竿缘天花板。

图 5.3 展示了利用吸顶盘安装吊灯的方法。吊灯安装在天花板的部分叫作"凸缘"，其外侧的灯罩叫作"凸缘灯罩"，也叫"吸顶灯罩"。如果吸顶盘的位置和吊灯的位置不一致时，可以使用卡钉。

如果卡钉不是安装在天花板的骨架上的话，会很难承重。凸缘罩通常是吊灯的附属品，也可以另外购入。也有可以调整凸缘罩内电线长短的灯具，像圆形吸顶盘和方形吸顶盘都是可以匹配吊灯凸缘罩来收纳电线的。但是，只支

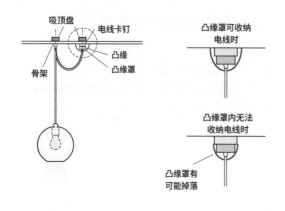

图 5.3 吸顶盘和凸缘的关系

持方形吸顶盘的小型凸缘罩需要注意，因为不仅会在侧面看到吸顶盘，若凸缘罩空间较小不能收纳电线时，会导致电线悬空，也会影响美观。

图 5.4 显示了在倾斜天花板上安装吊灯的方法。安装普通型时如图 5.4A，需采用卡钉悬挂灯具，这是为了防止凸缘部分承重过大而导致内藏电线断裂。凸缘可用于倾斜天花板型（图5.4B）和可内嵌于天花板型（图 5.4D）的安装，在设计时也注意了凸缘内电线的承重问题。

不过，内嵌型凸缘的种类较少，而如图 5.4C 的类型，其吸顶盘的设计兼顾了倾斜天花板的情况，因此可以在其正下方悬挂普通型凸缘的吊灯。但是这种安装方法会突显吸顶盘的大小。

虽然吸顶盘可应对多种情况，但是根据不同照明灯具来选择合适的种类以区分使用，仍是非常必要的。产品目录里的照片过小，有时无法辨别凸缘部分的大小，因此就要从产品规格图（第45 页图 2.8）中进行确认，这一点非常重要。

如果说日本产的灯具安装较为复杂，那么国内的小型吸顶灯和射灯等产品则多为直接安装类型。这种类型通常在天花板或墙壁中直接预留电线，然后和灯具的电线连接即可，但以后在替换照明灯具时需要维修布线。

（2）内嵌式

首先介绍内嵌式灯具的大小和安装方法。可内嵌于天花板的筒灯在安装时应注意天花板的高度。在产品名录中一般会记有安装所需的高度，应在保证其安装距离的前提下选定照明灯具。口径较小的灯具，电源装置无法内部容纳[第48 页图 2.11A（d）]，因此需要另外安装，此时还需要考虑从灯具到电源装置的电线距离。

其次介绍内嵌式灯具的可施工性。如果天花板或者墙壁装修时使用了隔热材料的话，应选择可支持隔热材料的照明灯具（第50 页表2.3）。安装筒灯时，大多要在天花板内固定金属薄板，因此需要预留金属薄板的空间。根据不同筒灯的种类，可以向 2 或 3 个方向照射。如果是倾斜天花板，应确认灯具是否支持倾斜天花板，并确认支持的倾斜角度上限。

最后介绍内嵌式灯具的可维护性。一般来说，筒灯的口径有 50 mm、75 mm、100 mm、125 mm、150 mm 等几种。如果是通用口径，在更换灯具时选择起来更容易。

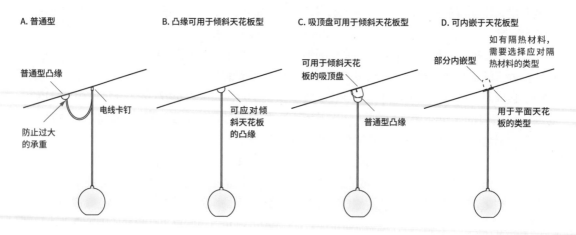

图 5.4　在倾斜天花板上安装吊灯的方法

在替换灯具时，可以选择和现有筒灯具有相同口径的灯具，也可以扩大口径来进行安装。由于 LED 灯具的体积较小，因此也可以选择升级版的小型筒灯进行安装。图 5.5 便介绍了一款升级版产品。但是这种产品无法支持隔热保温材料，因此无法用于做了隔热保温施工的天花板。

图 5.5　用于筒灯的升级版灯具
（图片提供：PANASONIC 株式会社）

2. 墙壁照明

（1）直接安装式

可以直接安装在墙壁上的照明灯具有壁灯和射灯两种，安装方法多为在灯具内直接连接电线。另外，也有半嵌入的类型，需要在灯具外连接电线。

图 5.6 展示了射灯的电线连接及安装方法。当凸缘内有空间时，可以在凸缘内进行连接。如果是半嵌入型，没有专门的内嵌盒，则可以使用外置电线盒。外置电线盒一般用于配电线的安装和电路分支的布控。由于外置电线盒的大小种类较少，因此在安装前应事先确认，以免对灯具的凸缘大小和安装方法产生影响。

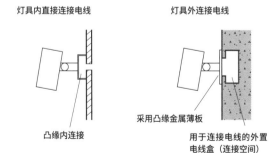

图 5.6　射灯的电线连接和安装的案例

（2）内嵌式

内嵌于墙壁的灯具类型有地脚灯和壁灯两种。需要确认灯具的厚度是否可以嵌入墙壁内。

同嵌入天花板的灯具一样，如果墙壁进行过隔热保温施工，则需要选择支持隔热保温材料的灯具。

图 5.7 显示了在楼梯上安装地脚灯的注意事项。由于有些灯具的光源和电源装置内嵌于墙壁内，因此在安装时不仅需要确认向内延伸的距离，还要确认高度。也就是说，单从平面图避开柱子来安装是不够的，还需要通过剖面图和立体图来确认是否和支撑楼上地板的横梁有冲突。

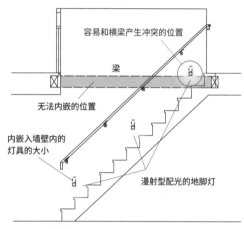

图 5.7　在楼梯上安装地脚灯时的注意事项

3. 地板照明

（1）直接安装式

安装于外墙的壁灯不仅可以安装在垂直的墙壁上，如果是可以向上使用或是摆放使用的种类，还可以水平向上安装在地板上（第 82 页图 2.72B）。但直接安装在地板上时，布线埋于地板下，由于室内清扫时会有洒水等情况，可能有漏电的危险。因此，在选择灯具的时候，要注意一下安装方向。

（2）内嵌式

内嵌于地板的灯具，要确定地板的厚度和灯具的高度。与筒灯相比，此类灯具口径的种类较少，而且生产厂家不同，灯具的差别也较大。由于人在地面上行走，灯具要承载人的体重，因此无论是在安装方法还是可替换性上，都没有过多选择。将来需要替换灯具时，是否还要采用同样开口径且高度相同的产品，在选择灯具时就要考虑到这种替换的可能性。

4. 在浇筑混凝土中安装灯具

在浇筑混凝土中安装内嵌式灯具时，应在混凝土浇筑前安装专用的内嵌盒。图5.8介绍了浇筑混凝土时安装地脚灯和地板内嵌照明的案例。在室外安装时，不只是要设置布线管道和排水管道，更应优先购买内嵌盒，再购买照明灯具，此外还需要调整施工日程。

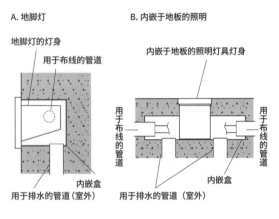

A. 地脚灯　　　　　　B. 内嵌于地板的照明

图 5.8　浇筑混凝土时安装照明灯具的案例

5. 灯轨的安装方法

图5.9展示了用于安装射灯和吊灯的灯轨（第54页）的安装方法。通常情况下，有垂直天花板向下直接安装（a）和在墙壁侧面安装（b）两种类型。但是由于凹槽内会积累灰尘，通电时有安全隐患，因此水平安装时，在不妨碍灯具

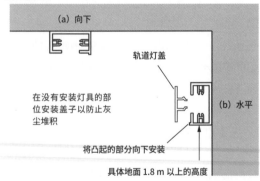

A. 直接安装

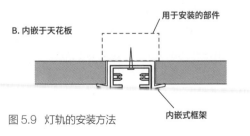

B. 内嵌于天花板

图 5.9　灯轨的安装方法

安装的情况下，建议安装轨道灯盖。若距离地板1.8 m以上，需要在可以维护的范围且不容易触碰的位置安装。安装于天花板时，也可以采用图5.9B这种内嵌式框架，虽然可以看到框架的盖子，但是天花板整体看上去仍较为平整。

图5.10介绍了灯轨的主要材料，其基本构成是轨道（图5.10A）、灯驱动器（图5.10B）和端盖（图5.10C）3部分。轨道本身有1 m、2 m、3 m等长度类型，3 m以上的可以采用连接杆（图5.10D）进行连接。连接杆分为电线送电和内置部分电源装置两种，在形状上不仅有直线形，还有直角形、T形、十字形等，种类丰富，可用于不同的使用场景。

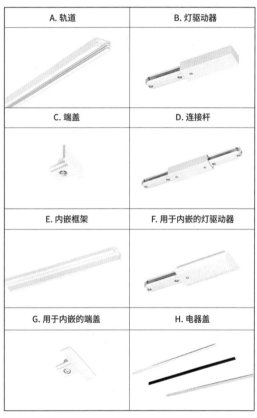

A. 轨道	B. 灯驱动器
C. 端盖	D. 连接杆
E. 内嵌框架	F. 用于内嵌的灯驱动器
G. 用于内嵌的端盖	H. 电器盖

图 5.10　灯轨的主要结构
（图片提供：PANASONIC株式会社）

内嵌天花板时，不仅要使用内嵌框架（图5.10E），还要组合使用用于内嵌的灯驱动器（图5.10F）和用于内嵌的端盖（图5.10G）。轨道本身和连接杆可以作为共同使用的部件，颜色有白色、黑色和银色等。

安装在墙壁上时，电器盖（图 5.10H）既有较短的 10 cm 类型，也有较长的 1 m 类型，可根据实际情况来裁剪使用。

当天花板高度特别高时，可以采用管道悬挂灯轨，现有产品中有很多可以用于管道的悬挂。用管道悬挂优点是，灯轨上方的空调和管道等设备不显眼，比较美观。图 5.11 介绍了使用管道悬挂灯轨的设计案例。

图 5.11　管道悬挂灯轨的设计案例
（室内设计、图片提供: Kusukusu Inc.）

另外，也有用于灯轨的吸顶盘（图 5.12），以及可以安装在吸顶盘上的灯轨（图 5.13）。在吊灯中也有可以直接安装的凸缘型和用于灯轨安装的凸缘型，需要根据安装方法来进行选择。如果灯具只支持吸顶盘，天花板又需要安装灯轨的话，可以在灯轨上安装用于灯轨的吸顶盘（图 5.12），再在吸顶盘上安装灯具。

图 5.12　用于灯轨的吸顶盘
（图片提供: PANASONIC 株式会社）

在租赁住宅中，即使只安装图 5.2（第191 页）的圆形吸顶盘（图 5.2A）和卡扣式吸顶盘（图 5.2B），也可以安装如图 5.13 的能安装在吸顶盘上的灯轨。虽然凸缘部分较显眼，但可以避免布线施工，同时可以安装使用插座射灯、吸顶灯、吊灯等多种灯具。

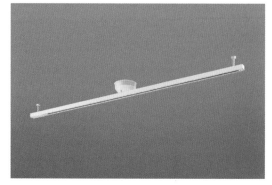

图 5.13　可安装在吸顶盘上的灯轨
（图片提供: PANASONIC 株式会社）

日本的生产商通常会生产设计通用的灯轨，而其他产地多为厂家独立配套的产品，即使用厂家自己生产的安装部件。

6. 可使用插座的照明灯具

作为可以使用插座的典型灯具，台灯是最具有代表性的。近些年可充电式的便携台灯的种类也有所增加。图 2.58（第 74 页）和图 2.59（第 75 页）中所示的不同配光的台灯，在选择时不仅要看外观，还需要考虑配光。

随着灯具 LED 化的趋势，很多产品——即便是建筑化照明的灯具——也可以使用插座。图 5.14 中介绍了间接型配光的灯具作为建筑化照明来使用的类型。

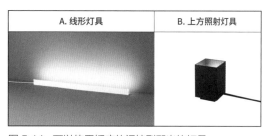

A. 线形灯具	B. 上方照射灯具

图 5.14　可以使用插座的间接型配光的灯具
（图片提供: PANASONIC 株式会社）

图中线形灯具（图 5.14A）多安装于电视或沙发的背面，可以得到背景灯的照明效果（第164 页图 4.56）。上方照射灯具（图 5.14B）多为平放式，放置在房间的角落，照亮墙壁和天花板，以增加空间的开阔感。同时，此类灯具还可以作为观赏植物的照射灯（第 175 页图 4.70)，这也是可以使用插座的灯具的独有特点，即根据实际用途安放在不同场所。

用于建筑化照明的线形灯具，可以通过专用电线及专用连接部件，连接多个灯具（第63页图2.39），这种部件叫作"灯具外接连接器"。在考虑建筑化照明的体积时，不仅要考虑灯具的大小，也要考虑辅助材料的收纳情况。

7. 小型化灯具

随着LED体积的不断减小，其不仅可以在室内安装，也可以在家具上安装，且种类在逐渐增多。

如图5.15中的各种小型LED灯具，由于使用低电压，因此需要另外安装电源装置。虽然灯具的体积较小，但光线明亮，作为照明灯具，存在感十足。

其中，内嵌于墙壁上的阅读灯，其发光部可以转动，不使用时可以保持墙壁平整。

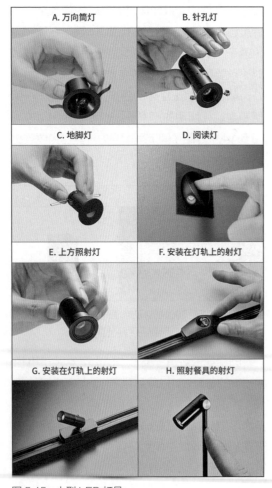

图5.15　小型LED灯具
（图片提供：Toki Corporation株式会社）

LED球泡灯的选择方法

LED球泡灯作为白炽灯的替代品，不仅可以获得同等亮度，而且造型丰富，种类也在不断增加。使用LED球泡的照明灯具在替换灯泡时，可以在生产厂商指定的灯泡中选择，这些产品大多进行过温度检测，可以安全使用。

LED球泡有长管状和环状，还有集约型的荧光灯。由于荧光灯开关时需要镇流器，因此进行LED改装时需要电气施工。

此处我们将解说不需要电气施工的情况。将现有灯具中的白炽灯泡替换成LED球泡时，需要确认以下7个关键点：

- 确认灯头。
- **形状的种类。**
- 光亮（光通量）。
- 配光（光的扩散）。
- 色温的种类。
- 显色性。
- 确认可组合的灯具。

1. 确认灯头

图5.16以普通灯泡为例解说了构成灯泡的各个部件。白炽灯泡由嵌入外壳的灯头和玻璃材质的玻壳构成。发光管内充满了惰性气体。不同种类的灯，可以发挥不同气体的特性，从而提高灯具的发光效率，并促进灯身体积的小型化。图5.16A的材质是磨砂玻璃，图5.16B的材质是透明玻璃，采用了相同的灯丝。灯丝通电后，由高温转换成光能。

A. 磨砂（二氧化硅）灯泡　　　　B. 透明灯泡

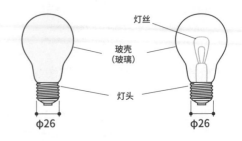

图5.16　普通白炽灯泡的形状和构成

灯头的型号有 E26、E17 等，这是为了纪念发明电灯的托马斯·阿尔瓦·爱迪生（Thomas Alva Edison），他实现了灯泡寿命的长久化，因此采用他名字的开头大写字母"E"来表示灯头的直径。用"E"表示型号的灯泡，通常是采用金属螺旋式嵌入灯具的底座中。此外，还有卡扣式（型号有 G9、G4、GY6.35、GU5.3、GZ4 等）灯泡。

同样的灯头，虽然都可以点亮，但是未必可以获得同等程度的照明效果。表 5.1 显示了不同灯头的白炽灯泡所对应的 LED 球泡。

表 5.1　可对应白炽灯泡的 LED 球泡

主要的白炽灯泡的种类	灯头	可代替的 LED 球泡
普通　球形　凸透镜型 PAR 灯　卤素灯	E26	• 普通灯泡中较暗的类型有 10 W 左右，目前还没有相当于 150 W、200 W 的灯球； • 球形灯泡的直径有 50 mm、70 mm、95 mm 等，材质种类有磨砂玻璃、透明玻璃等； • 凸透镜型、PAR 灯、卤素灯也有同样的形状可供选择
小型氪气灯泡　小型灯泡 小型凸透镜灯泡　枝状吊灯泡	E17	• 小型氪气灯泡目前还没有相当于 75 W、100 W 的灯球； • 小型灯泡，大小相同的类型较少； • 小型凸透镜灯泡的种类较少； • 枝状吊灯泡，其形状和色温的种类都很丰富
小型卤素灯　带分色镜的卤素灯	E11	• 目前还不存在同等大小可替代小型卤素灯的 LED 灯泡； • 带分色镜的卤素灯，无论是在功率上还是在大小、色温上，种类都极其丰富
卤素灯	G9	• 种类较少
用于 12V 电压的小型卤素灯　12V 带分色镜的卤素灯	EZ10	• 目前还不存在同等大小可替代小型卤素灯的 LED 灯泡； • 带分色镜的卤素灯，虽然在功率和大小、色温上种类都很丰富，但是也有无法使用变压器降至 12 V 的类型
用于 12V 电压的小型卤素灯　12V 带分色镜的卤素灯	G4、GY6.35、GU5.3、GZ4	

注：截至 2021 年 4 月（日本主要生产厂商）。

LED 灯泡中内置了可以将交流电转变为直流电的电源装置。最初开发的 LED 球泡，多数体积较大，发光面积是白炽灯泡的 1/3 左右，且光程较小。如今发售的 LED 球泡，其大小和发光感几乎和白炽灯泡相同。发光二极管可以和白炽灯泡一样发出明亮的光线，这种 LED 球泡多在灯头部分内置了电源装置。E26 的灯头既可以用于传统灯泡，又可以用于 LED 灯泡，因此其大小相等，可以相互替换。但是小型卤素灯和卤素灯由于体积小，点亮 LED 灯时所必需的电源装置无法内置于灯身，因此和此类传统灯泡具有相同形状的 LED 球泡的产品较少。

LED 光线具有指向性，如果像凸透镜灯和带分色镜的卤素灯一样配置反射镜和分光镜，可以达到和传统光源一样的效果，具有丰富的配光和色温。

需要注意的是，用于直流低电压的卤素灯，在将其 LED 化时，点亮 LED 灯需要用到变压器，而变压器也有一定的寿命。如果替换灯泡后仍然无法点亮的话，需要替换变压器，此时将伴随电气施工。

2. 形状的种类

LED 球泡的形状需要契合灯具，因此在开发 LED 球泡时需要注意其形状和大小是否能代替同等的白炽灯泡。虽然目前有和白炽灯泡同等大小的产品，但如前所述，白炽灯泡的体积越小，越难对应得上。

另一方面，可以看见灯丝的透明灯泡中，灯丝本身可看成是 LED 发光部，其形状和配件的设置都会影响 LED 灯的造型。图 5.17 介绍了透明型的 LED 球泡案例。

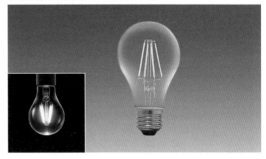

图 5.17　透明型 LED 球泡的案例
（图片提供：IRIS OHYAMA Inc.）

透明灯泡的特征是发光部位透明，因此不点亮时，其存在感较弱，点亮时则灯丝发光，给人以美感。直接使用透明灯泡的吊灯和支架灯的种类有很多，图5.18介绍了图5.17中所展示的透明型LED球泡的使用案例。通过搭配射灯，确保了桌面上的明亮度。由于使用了透明型LED球泡，加上吊灯随机分布，营造出别有一番风味的视觉效果。

图5.18 使用透明型LED球泡的照明案例
（室内设计、图片提供：Kusukusu Inc.）

3. 光亮（光通量）

表5.2显示了和白炽灯泡功率相对应的LED球泡的光亮标准。光源的光通量值（第

89页）大于表中的数字时，可以将灯泡看作相当于该数字级别的类型。灯具一体化的LED也可以和白炽灯泡的功率相对应，但是厂家不同，产品不同，灯具的光通量值也有所不同。

LED球泡的发光效率（lm/W）逐年增高，但是可以替代E26普通型白炽灯泡的150 W或200 W、E17小型氪气灯泡的75 W或100 W的LED球泡还没有开发上市（截至2021年4月，表5.1）。但是有应对E26凸透镜灯和筒灯，相当于150 W的LED球泡。

4. 配光（光的扩散）

LED球泡灯的明亮度通过光通量值来表示。灯泡本身所具有的光通量值和安装在灯具内的灯泡所显示的光通量值是有差异的，因此，LED球泡灯只确认光通量值一样而不考虑其他因素的话，将无法获得和白炽灯泡相同的照明效果。表5.3介绍了LED球泡灯在配光方面的差异。应结合灯具的配光来选择LED球泡灯的配光类型。相当于E26白炽灯泡60 W的光通量值（810 lm）以上可以通过查看比较配光曲线（第86页）来获知。

通过比较磨砂玻璃和透明玻璃的配光曲线图，我们可以知道，透明玻璃的灯泡在水平方向上光的扩散较好，但在正下方光的扩散不足。例如使用半直接型配光的吊灯，在下方无法获得一定的明亮度。因此，如果使用透明玻璃的灯泡，如图5.18所示，推荐直接使用。

通过比较全方位和广角配光两种类型的灯泡，全方位类型在灯头部位出光量更多，但在正下方，广角配光更加明亮。因此，使用直接型配光的筒灯时，采用广角配光的类型会较为明亮。使用半直接型配光的吊灯时，选用全方位类型的灯具，不仅可以确保上方的明亮度，同时正下方也可以获得一定光照。

5. 色温的种类

普通的LED球泡灯可以选择暖白色（2700 K）和中性白色（5000 K）。若是替代带有分色镜的卤素灯的LED球泡灯的话，还有3000 K的类型。

表5.2 LED球泡光通量值与白炽灯泡功率的对应

E26 普通球泡类型						
相当于白炽灯泡功率（W）	20	30	40	50	60	80
光通量值（lm）	170	325	485	640	810	1160
相当于白炽灯泡功率（W）	80	100	150	200	—	—
光通量值（lm）	1160	1520	2400	3330	—	—

E17 小型氪气灯泡类型						
相当于白炽灯泡（W）	25	40	50	60	75	100
光通量值（lm）	230	440	600	760	1000	1430

E26 球泡类型			
相当于白炽灯泡功率（W）	40	60	100
光通量值（lm）	400	700	1340

注：数据截至2021年4月。

表 5.3 比较不同 LED 球泡的配光

项目	磨砂玻璃 (810 lm)	透明玻璃 (810 lm)
球泡形状		
配光曲线图	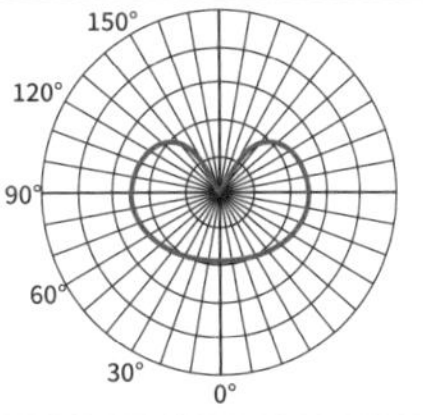	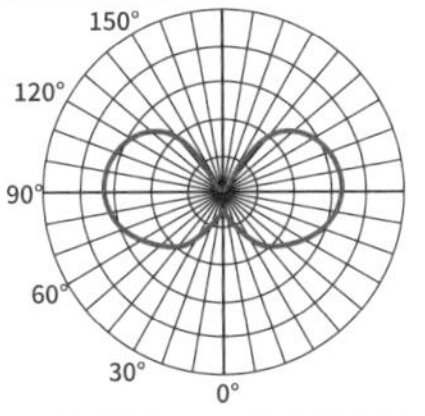
适用的灯具	漫射型配光的吊灯、支架灯、落地灯等	直接悬挂的吊灯、支架灯等

项目	全方位类型 (810 lm)	广角配光类型 (810 lm)
球泡形状		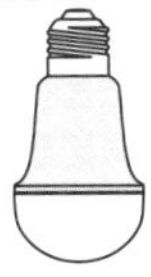
配光曲线图	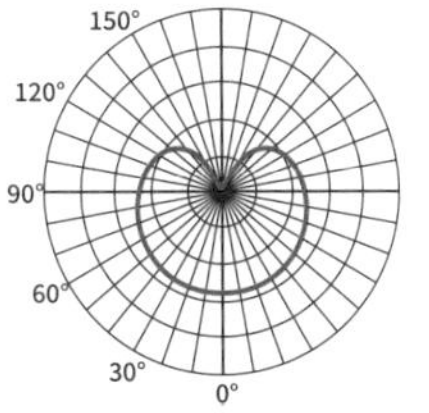	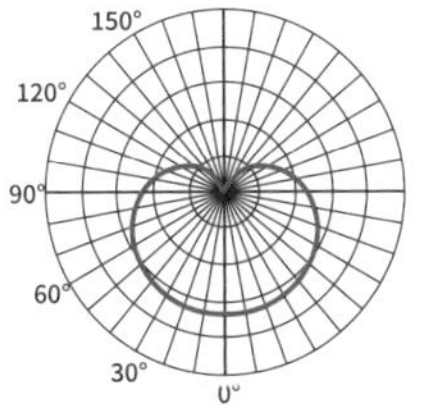
适用的灯具	半直接型配光的吊灯、支架灯、落地灯等	直接型配光的筒灯、射灯、吊灯、支架灯等

透明玻璃的灯泡，灯丝多可以直接看到，方便调光。对白炽灯泡进行调光，2000 K 左右的光色可以称为"烛光色"。但白炽灯本身光色单一，而采用 LED 球泡灯的话，在光色的选择范围增加的同时，用途也更加广泛。图 1.4（第 11 页）介绍了灯光秀案例，根据不同季节，可以选择 LED 筒灯的色温，用暖白色和中性白色来营造不同的照明效果。

图 4.75（第 178 页）介绍了目前已经上市的可调色、调光以及实现多彩照明的 LED 球泡灯。

6. 显色性

住宅一般显色指数（R_a）推荐高于 80。事实上，几乎所有 LED 球泡灯的显色性都在 80 以上，但是如果有需要，购买时最好再确认一下 R_a 的数值。可替换带有分色镜的卤素灯的 LED 球泡，多用于筒灯和射灯，其高显色性的种类较为丰富。而其他类型可替换的 LED 球泡中，高显色性的种类不多。

7. 确认可组合的灯具

将 LED 球泡用于现有灯具中时，需使用与白炽灯泡功率相同或略低的 LED 球泡。而且替换筒灯和射灯时，需要使用形状或大小相同的灯泡，否则无法完全嵌入灯具，也无法实现理想的照明效果。另外，还需要确认以下 3 个注意事项：

（1）是否支持密封性

漫射型配光或者防潮型灯具，一般情况下密封性较高，需要选择对应的密封型 LED 球泡灯。LED 本身对潮湿和炎热等环境的抵抗力较弱，因此在选择时要选用合适的大小和功率，这一点非常重要。

（2）是否可调光

LED 球泡灯有不可调光和可调光的种类。如果将不可调光的球泡安装于可以使用调光器的照明灯具内，有可能会引起球泡不亮或者灯光闪烁等故障，切记要使用可调光的 LED 球泡。此外，可支持调光的 LED 球泡，有些形状体积较大，需要确认是否可以完全嵌入灯具内。

白炽灯泡的调光方法为相位控制（第 202 页），可调光的 LED 球泡也可使用白炽灯泡的调光控制器。有时相比于白炽灯泡，LED 灯的调光并不十分理想，色温也不会改变。除了调光控制器，有的 LED 球泡调光时还需要使用调光驱动，因此会伴随电气施工。有些集成一体化照明在调光时，也需要使用调光驱动。

（3）是否支持隔热保温施工

用于隔热保温施工的灯具，在设计时为了不将热量传递给天花板和墙壁，灯具本身的密封性较高。因此，如果之前使用了支持隔热保温施工的灯泡，那么在替换 LED 球泡时也需要使用密封性较高或者支持隔热保温施工的类型。

图 5.19 介绍了支持隔热保温施工的 LED 球泡灯的使用案例。左图为传统的用于隔热保温施工的筒灯，采用了小型凸透镜灯在水平方向安装，同反光镜组合，光线向下射出。全方位类型和广角配光类型的 LED 球泡灯，正下方出光，如果像图中一样安装，则无法发挥反射镜的作用。因此开发出了 LED 独有的 T 形 LED 球泡灯。从 T 形 LED 球泡灯的配光曲线图中可以看到，光线从水平方向射出，和水平方向安装的反射镜组合，使光线可以向下射出。但是小型氙气灯泡的灯身较长，需要事先确认灯具的尺寸是否可以完全嵌入其中。

LED 球泡灯的产品更新较快，因此可以选择最新且功能最完善的 LED 球泡灯。

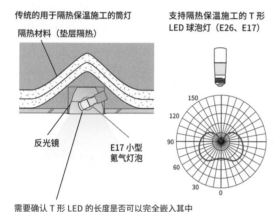

图 5.19　支持隔热保温施工的 LED 球泡灯的使用案例

控制照明的方法

照明的控制主要分为感应开关和调光控制两种类型。由于照明的 LED 化，数字控制的实现使得远程操作成为可能，还有可使用智能手机、平板电脑等进行控制的照明灯具和 LED 球泡灯等。

1. 感应开关的区分使用

感应开关一般分为光感、人感、定时控制等。其中定时控制是指设置灯具每天在相同时间段打开或关闭，并不断重复。这里我们将详细讲解感应器的使用方法。

光感又叫"明暗感应"，即当周围较暗时灯具打开，反之周围明亮时灯具关闭。光感灯具在室内通常作为寝室或者走廊的小夜灯来使用，不仅可以迎接来客，对家人外出回归时也

有温馨的照明效果，而且在旅行外出时，还可以假装室内有人，从安全角度来说也有帮助。

人感一般又叫"明亮度感应"或"热源感应"，可以探知人的移动（温度的变化）来控制照明灯具的开关。人感开关通常和光感开关共同使用，在明亮时即便感应到有人的移动也不会启动。在室外使用时，如果周围较暗，就会点亮微弱的灯光，一旦感知到有人移动的话，则开启百分之百亮度的光源进行照明。在室内玄关或走廊、步入式衣帽间，经常因手里拿着物品而无法按下开关，因此使用这种开关会非常方便。若从容易忘记关灯的角度来考虑，也可以用于洗手间。

光感开关和人感开关可内置于照明灯具中，也可使用外置感应器。图 5.20 介绍了内置型感应器的照明灯具的案例。图 5.20 A ～ 图 5.20 F 为人感类型、图 5.20 G 和图 5.20 H 为内置光感类型。图 5.20 F 和图 5.20 G、图 5.20 D 和图 5.20 H 虽然设计相同，但是感应器的种类不同。同样的造型，人感开关比光感开关更显眼。

图 5.20　内置感应器的照明灯具

（图片提供：Odelic 株式会社）

在长长的走廊两端安装内置人感开关灯具（图5.20A或图5.20 B等），同一线路中的中间灯具即使没有内置感应器，当感应到人的移动时，走廊整体也会亮灯。图5.20 E 的射灯有闪烁功能，当探测到有人时，灯光便会闪烁，起到警示作用。

如今，LED 独有的内置人感开关的 LED 球泡已经上市。图5.21 介绍了这种内置人感开关的 LED 球泡，在其发光部中央安装了人感开关。由于是广角配光，可以安装于筒灯这种感应器外置的灯具。和人感开关一体化类型的筒灯相比，使用外置感应器的类型可以降低费用。

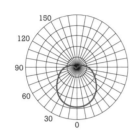

此处内置了人感开关，
因此可以垂直向下使用

图 5.21　内置了人感开关的 LED 球泡灯的案例
（图片提供：IRIS OHYAMA Inc.）

一般情况下，可安装外置感应器的灯具，灯具和感应器的整体电流（单位：A）会因产品的不同而不同。此外，需要特别注意的是，使用 LED 球泡灯，和其单个的容量无关，但对个数有限制。图5.22 介绍了外置感应器的类型，其中图5.22A ～图5.22D 为人感型，图5.22E、图5.22F 是光感型。

A. 按钮式人感开关	B. 嵌入天花板型人感开关	C. 嵌入天花板型人感开关
D. 安装在墙壁上的人感开关（室外）	E. 安装在墙壁上的光感开关（室外）	F. 插座式光感开关（室外）

图 5.22　外置感应器
（图片提供：PANASONIC 株式会社）

图5.22A 是在墙壁上安装按钮式的人感开关，是室内专用类型，也有适用于内玄关和走廊、卫生间等不同场景的产品。当走廊较长时，可以安装多个分开关，即使从不同入口进入，也可以点亮走廊灯光。用于卫生间的产品，也有在换气扇工作结束后自动关灯的感应器。

图5.22B 是嵌入天花板的人感开关，可以在较长的走廊上安装总开关和分开关，从而一起点亮多个照明灯具。当照明灯具和感应器集成一体时，感应部位通常会被固定，可以安装缩小感应范围的灯罩，或者调整感应方向。图5.22C 和图5.22B 一样，都是嵌入天花板的人感开关，可以用于室外的屋檐下，颜色有白色、黑色等。如果天花板进行过隔热保温施工，则需要选择相应的感应器。

图5.22D 是在室外使用的安装于墙壁上的人感开关，当用于天花板的人感开关不能使用时，这种类型可以作为替代品。图5.22E 的光感开关一般安装在外墙不显眼的地方。

当感应器和照明灯具集成一体时，常作为长夜灯使用，而单独外置的光感开关可以随时关闭或者定时关闭。图5.22F 是配有光感开关的用于室外的插座，可以连接使用插座的室外插地式射灯或草坪灯，起到自动开关的作用。

外置感应器需要注意安装场所。光感开关需要周围较暗时才会点亮，因此需要安装在室内外不被光线照到的地方。图5.23 显示了人感开关安装的场所。由于外置的人感开关通常和光感开关一起使用，因此需要注意照明灯具自身不要暴露在阳光下，同时应安装在容易感知人的移动行为的场所。图5.23A 在墙壁上安装了广照型的壁灯，采用了人感开关，可以自动控制灯具。将人感开关安装在离灯具 1 m 远的地方，这样就不会感知灯具自身发的光。图5.23B 的人感开关用来控制直接型配光的壁灯，避免了光线的照射。图5.23C 是嵌入天花板型的人感开关，搭配使用了总开关和分开关。根据它们的感应范围，为了让其更好地感知人体温度，建议安装在离地面 700 mm 的位置，而非直接安装在地板上。

A. 感应器和照明灯具的距离

间隔 1m 以上

安装在墙壁的人感开关

感知范围

B. 感应器和照明灯具的配光

安装在墙壁的人感开关

感知范围

C. 感应器的位置和感知范围

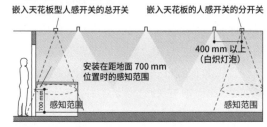

嵌入天花板型人感开关的总开关

嵌入天花板的人感开关的分开关

400 mm 以上（白炽灯泡）

安装在距离地面 700 mm 位置时的感知范围

700

感知范围

感知范围

图 5.23　安装人感开关的位置及注意事项

2. 调光机制

　　LED 照明的调光方式主要有 4 种。对于照明灯具，根据电源装置类型，可选择包括不可调光在内的各种调光类型。除了灯具本身不同，调光方式的不同，也会对电线分布有影响，因此在照明设计时有必要加以考虑。表 5.4 介绍了主要用于 LED 照明的调光种类和特征。

　　室内住宅中主要使用的调光方式为相位控制，适用于白炽灯泡，LED 球泡灯可以替代使用。但是 LED 球泡使用时并不稳定，会出现光线无法变暗或光线过暗时产生灯光闪烁、发出噪声等现象。因此，开发出了 LED 专用的后沿切相控制的调光开关。相对于此，传统的相位

控制又叫"前沿切相控制"。前沿切相是指切掉波长的前半部分，后沿切相是指切掉波长后半部分。后沿切相控制方式产生的噪声小，可以在卧室等空间使用。

　　低电压的带状 LED 灯的调光多采用脉冲宽度调制方式（也称为"PWM 控制"）。PWM控制的调光开关有两个一般开关那么大，因此触感和外观都同其他产品有所区别，需要考虑安装场所。除了外置电源装置，此类灯具还要用到调光驱动，调光驱动的安装场所也需要考虑。

　　此外，如果是在室内住宅中使用，还可以考虑使用可调色、调光的开关。通常这类开关需要不同的电源信号，而有些厂商也有即使没有信号也可调色、调光的照明灯具或调光开关。

　　数字可寻址照明接口控制（Digital Addressable Lighting Interface，缩写为"DALI"）是基于国际电工委员会（International Electrotechnical Commission，缩写为"IEC"）颁布的照明控制设备的国际标准通信规格（IEC 62386）设计出来的。DALI 控制的最大特点是，可以实现精确调光和双向通信。通常情况下，调光在同一回路上进行，但是 DALI 控制可以在不同回路上单独控制开关或调光。由于可以双向通信，有利于确认灯具的状态，当灯具出现故障无法点亮或者出现异常时，也比较容易监控出来。

　　数据多路复用器控制（Data Multiple-Xer，缩写为"DMX"）主要用于可调色、调光及全彩可变的灯具中。由于 DALI 控制和 DMX 控制需要专用的软件和调光系统，因此多

表 5.4　LED 照明主要的调光种类和特征

控制方法	调光范围	对应灯具	特征
前沿切相控制 / 后沿切相控制（2 芯）	1 % ~ 100%	用于室内住宅的照明灯具及 LED 球泡灯的调光，用于可调光、调色的灯具	· 通过调整流入照明灯具的电流大小来控制明亮度的调光方式； · 将交流电压的波长一部分切断，通过改变电流量来控制明亮度； · 通常采用双线布线即可以实现调光
PWM 控制（4 芯）	0.1 % ~ 100%	可用于公共设施的照明灯具以及低电压灯具的调光	· 通过调节脉冲宽度来调节开关和关灯的时间点，从而实现明亮度的调光方式； · 不受电压的影响，可避免闪闪，容易实现调光，与相位控制方式相比其造价较高
DALI 控制（4 芯）	0 ~ 100%	可用于公共设施的照明灯具以及低电压灯具的调光	· 只要是以 DALI 控制为基准的照明灯具，即使生产商不同也可以使用； · 可在同一回路分别控制开关和调光； · 可使用专门的软件来制作灯光演出的效果
DMX 控制（5 芯）	0 ~ 100%	用于可调色、调光的灯具，全彩可变灯具	· 由灯光控制器传输数字信号的方式来控制； · 除电源线之外，还需要为控制信号设备配备电线； · 由于可以传输详细的信息，因此也可以控制无线信号； · 可使用专门的软件来制作灯光演出的效果

注：调光范围因照明灯具和调光器的匹配度不同而有所不同。

用于规模较大、多个照明灯具在不同时间段的开关和调光。通常情况下，会选择照明灯具和调光系统为同一厂商的产品，而 DALI 控制和 DMX 控制的产品，虽然厂家不同，也可以使用相同的调光系统，但是构建系统和使用场景的设定需要委托厂家进行。具有长期记忆功能的调光器（第 142 页图 4.29）可以组合多个回路进行调光，呈现多个照明场景，因此可以从是否可以调光这一角度出发来选择照明灯具。

照明设计的施工管理

图 2.1（第 40 页）介绍了照明设计流程，可根据建筑设计的流程进行照明设计。换句话说，照明设计需要依托建筑设计。特别是住宅或店铺之类规模较小的施工现场，有时直到建筑竣工，照明设计师也不一定会到现场，因此，照明施工的注意事项需要明确传达给建筑师或室内设计师。这里补充几点施工时的注意事项。

（1）预埋件的预先安装

如图 5.8（第 194 页），在混凝土浇筑时，要在照明灯具安装前安装预埋件。需要根据施工日程预先订购，并与施工方进行沟通协商。

（2）指定吊灯电线的长度

吊灯的电线长度一般为 1.5 m 左右。有些灯具的电线长度可以在凸缘或插头安全罩内进行调节，可调整的范围也不尽相同，因此需要事先确认。电线长度可能会产生额外费用，可以在订购时就指定长度，这就需要提前确认数据。

（3）改变吊灯的安装方法

图 5.12（第 195 页）介绍了可以将凸缘型（直接安装型）直接安装在灯轨上的吸顶盘。也可以直接改变插头类型，但是会产生额外费用，因此需要事先确认。

（4）确认实物以及实验

第 3 章介绍了 3D 照明计算的方法，在一定程度上可以预测照明效果。由于对明亮度的感受有个人差异，推荐参观样板间确认实物效果。此外，有关收纳空间的具体问题，可以进行简易的模型实验。图 5.24 介绍了为对比托盘天花板（在天花板上有一块凹陷区域，像一个倒置的托盘）照明效果而进行的模型实验。使用与实际照明灯具等身大的样品，从而比较托盘天花板照明时的明亮度，以及照明灯具和遮光材料的外观。

托盘天花板照明效果的比较

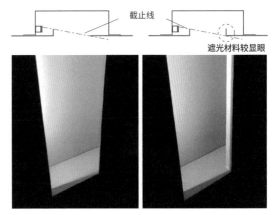

图 5.24　使用简易模型进行的照明实验案例

维护注意事项

虽然 LED 的寿命较长，但也不是可以永久使用的。此外，由于寿命较长，将来是否可以替换成相同的灯具，在照明设计时也不确定。关于灯具的维护，分别在第 2 章介绍照明灯具种类的相关内容及第 4 章关于不同生活场景的照明设计中，都解说过注意事项。这里补充两点和施工相关的注意事项。

（1）通高空间

图 5.1（第 190 页）介绍了从维护角度考虑，需要注意照明灯具的安装高度。在楼梯处，可以在上下层或拐角平台等较为平坦的地方进行维护。如果是吊灯或吸顶灯，需要两只手操作，有跌倒的风险。因此需要考虑是否有墙壁等可以手扶支撑的位置，再确定灯具安装的位置。

（2）建筑化照明

如第 58 页已解说过的，用于建筑化照明的内嵌盒应从是否可以入手等维护因素来考虑尺寸。此外，用于低电压的灯具，由于电源装置外置，因此需要设置可以维护的场所。

第 2 节　使生活丰富多彩的照明灯具

💡 耐用的"名作"

你可能在看电视或杂志的时候，看到过可以称为杰作的照明产品。但由于画面采用了特殊光线处理来突显灯具的视觉效果，很难确认灯具的实际照明效果是否真如画面所示。但如果身边有一个让你喜欢的照明灯具，便可以增加生活的情趣，并为生活增添色彩。

在本节，我们将介绍一些经典的照明灯具，以及如何使用它们。这些灯具不仅在设计上匠心独运（如由著名设计师设计），在照明效果和维护方面也非常优秀，可以长期使用。

极致光线 PH 灯

首先要介绍的是丹麦著名灯具 PH 灯，"PH"来自设计师保尔·汉宁森（Poul Henningsen）名字的首字母缩写。

研发该灯具的丹麦老牌灯具厂商在没有计算机的时代，就研究出了不让灯具产生眩光的方法，最终采用了对数螺旋分层遮光的设计打造了此款灯具。可以说，PH 灯作为北欧设计的代表之一，非常有人气。

图 5.25 显示了一个用于测试 PH 灯的光线反射效果的装置。

这种构造采用 3 个叶片挡住刺眼光线，与此同时又可以使光线完美地反射，体现了基于逻辑的照明灯具设计理念。根据光源的位置来确认照明效果，从白炽灯泡到荧光灯再到 LED 球泡灯，一直在追求适当的照明效果，也一直在坚守其自身的设计理念。

图 5.26 显示了 PH 灯的种类。图 1.43B（第 37 页）介绍案例时使用了 1958 年推出的 PH5 产品。此系列不仅有吊灯，还有台灯和支架灯等各种类型，大小、材料和颜色也种类丰富，可以作为家庭产品使用。

光源位置：上	光源位置：中（适当）	光源位置：下

从内侧观看时，光源可以完美照射出 3 个叶片优美的形态。若光源位置过高，则会有刺眼的光线漏出；如果位置过低，则叶片会产生阴影，影响反射的效果

图 5.25　PH 灯的光源和叶片的位置关系（该灯具厂商展示厅中的实验装置）

PH5 吊灯	PH4/3 吊灯	PH 2/1 桌面灯	PH2/1 壁灯

图 5.26　PH 灯的种类
（出自该灯具厂商官方网站）

由建筑设计而诞生的 AJ 灯

与 PH 灯一样，AJ 灯也堪称是北欧设计的代表。"AJ"是安恩·雅各布森（Arne Jacobsen）的首字母缩写，AJ 灯是其在1957 年为哥本哈根 SAS 皇家酒店（现在的 Radisson Collection Royal Hotel）设计的，此建筑的设计在当时也算是独具匠心。图 5.27显示了 AJ 灯的主要类型。此照明灯具不仅种类丰富，色彩的选择也非常多。

在照明灯具种类并不丰富的年代，建筑师在设计建筑的同时也设计照明灯具这一现象并不少见。其中 AJ 灯为直接型配光的灯具，效率高，不仅可以作为阅读灯使用，让使用者获得充足光线，而且灯罩可以移动，兼顾了实用的便利性。

图 4.30（第 142 页）为 AJ 落地灯，图 4.52D（第 159 页）为 AJ 桌面灯。

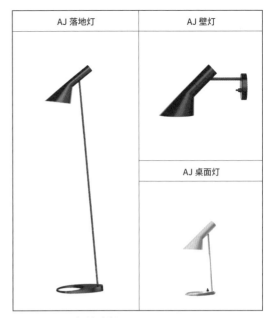

图 5.27　AJ 灯的种类
（出自该灯具厂商的官方主页）

仿佛艺术品一样的玄幻吊灯

玄幻吊灯（Enigma 灯）是日本设计师内山章一设计的。如图 5.28 所示，灯具有多种款式（直径），但颜色只有白色和黑色两种。其中 425 型由 4 枚圆盘组成，545 型由 5 枚圆盘组成。

这种类似甜甜圈形状的圆盘，通过上部圆锥体内置的双色 LED 球泡灯来提供直射光，作为局部照明。如图 5.1A（e）（第 190 页）所示，即使在通高空间中使用，也不会产生眩光。

圆盘的上面是磨砂面，下面是光滑面，这样从上面反射出来的间接光就会照入空间，可以获得一般照明的效果。灯具仿佛是悬浮在半空中的艺术品一样，一台照明灯具可以提供多种照明效果。

图 5.29 显示了一个使用中的玄幻吊灯的例子。这是一个寺庙客堂的大厅，灯具即使用在此类日式空间中，也完全没有突兀感。漂浮的光盘不仅是一件艺术品，而且作为照明灯具，也具有功能上的美感。

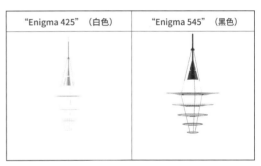

图 5.28　玄幻吊灯的主要种类
（出自该灯具厂商的官方主页）

图 5.29　玄幻吊灯的使用案例
（建筑设计：佐川旭建筑研究所）

自由配光的弗林特船长落地灯

图 5.30 中的产品名为"弗林特船长（Captain Flint）落地灯"，由 L 形支架和圆锥形灯罩组合而成，是意大利著名照明生产厂商的产品，设计师是迈克尔·阿纳斯塔西德（Michael Anastassiades）。弗林特船长落地灯的产品名称取自探险小说《金银岛》（罗伯特·路易斯·史蒂文森，1883 年）中的弗林特船长，据说起名的灵感来自他肩上托着一只鹦鹉的形象。

图 4.46（第 154 页）显示了在卧室里使用弗林特船长落地灯时照明设计风格的案例。虽然灯具组合形状看似简单，但灯的头部可以旋转（向左 270°，向右 45°）以调节照明方向。灯具设置了脚踏开关，可以用脚来开启和关闭灯光，易于使用。向上照射时，可以作为间接型配光的一般照明；向下照射时，可以用作阅读或写作时直接型配光的局部照明。具体可根据用途区分使用。

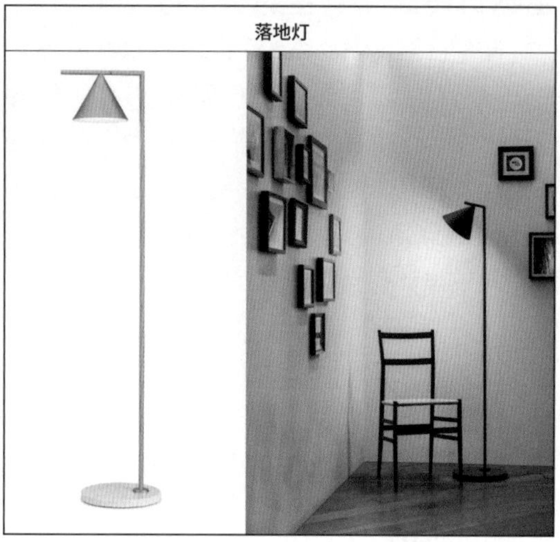

落地灯

图 5.30　弗林特船长落地灯
（左图提供：日本 Flos 株式会社；右图摄影：Toshihide Kajihara）

一闪一灭中变换的 K 族灯

K 族灯（K TRIBE 灯）是与上述产品同出自一家厂商的照明灯具，由设计师菲利普·斯达克（Philippe Starck）设计。设计师以设计日本东京浅草的金色屋顶艺术品金之炎（Super Dry Hall）闻名，不仅活跃在建筑领域，还活跃在室内设计和产品设计领域。

K 族灯的灯罩采用了经典形状，和铝制支架搭配，发出独有的光泽，给人一种现代感。

该灯具的特点是它由双重材料组成：外面一层是亚克力，里面的遮光罩是乳白色的聚碳酸酯。关灯时，灯罩外侧更加显眼，而开灯后，内层乳白色的遮光罩形状就出现了。光线从外侧照射出来和从里面照射出来的外观截然不同，别有一番趣味。

在大多数情况下，采用这种灯罩的灯具多为半直接型配光，这导致从下面看时可能会产生眩光。但是经过周密的设计，这款灯具可以通过内部的遮光罩使光扩散，便不会产生眩光。灯具外罩有两种不同的颜色可供选择。

图 5.31　K 族灯的主要种类
（图片提供：日本 Flos 株式会社；左下图摄影：Germano Borrelli）

公认易操作的托洛梅奥灯

图5.32介绍了名为"托洛梅奥(Tolomeo)"的一系列台灯,是意大利一家灯具厂商的产品,由建筑师米歇尔·德·卢奇(Michele De Lucchi)设计而成。杯状灯罩和易于移动的灯臂相结合,使灯具看上去既轻便,又易于使用,在世界各地都很受欢迎。

托洛梅奥灯主要有台灯和落地灯两种类型,也有夹式类型。其中台灯有"MICRO""MIDI""MINI"和"TAVOLO"4种类型,安装方法有摆放型和夹式型。落地灯有"LETTURA""TERRA"和"MEGA TERRA"3种类型。

直接型配光的灯具通常用于阅读等需要局部照明的场合。由于托洛梅奥灯的灯头可以旋转,也可以用于水平或顶部照明。最重要的特点是,当头部移动时,灯臂也同时移动,这使得调整头部位置变得更加容易。

此产品基本使用迷你氙气灯泡,但也有LED集成一体化的类型,使其成为一个不断发展的畅销产品。

光影魅力"MAYUHANA"灯

"MAYUHANA"灯是建筑师伊东丰雄设计的一系列照明灯具。他将纤维仿照蚕蛹吐丝作茧的造型,缠绕在玻璃纤维制作的树脂模型上。光线通过两层或三层的灯罩后变弱,产生出朦胧之感,使得灯具本身浑然一体。此类灯具的颜色、形状及种类均十分丰富。

图5.33显示了"MAYUHANA"灯的主要种类。光源被内置在最小的球体中心,它的形状像一个球状灯泡,给人一种整体统一的感觉。白色灯具采用了磨砂玻璃的球泡,黑色灯具则采用了透明玻璃的球泡,使得白色灯具呈现出一种柔光之美,而黑色灯则具有群星闪耀之美。

图2.65D(第78页)中使用了黑色的落地支架。它与黑色的地板材料相匹配,并与透明灯泡结合,在墙上产生光影效果。

由于其形状简单,无论是哪种类型都可以很好地融入空间中。

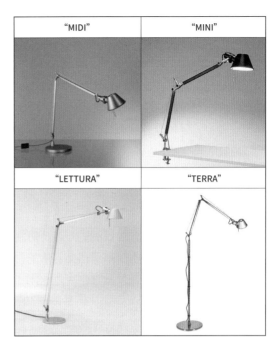

图5.32 托洛梅奥灯的种类
（图片提供：Artemide Japan 株式会社）

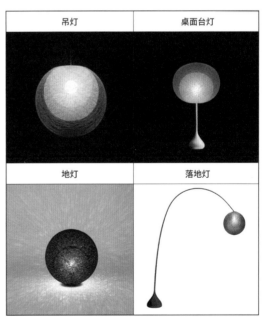

图5.33 "MAYUHANA"灯的种类
（图片提供：株式会社 YAMAGIWA）

不失现代感的"Natural"灯

图5.34介绍了一系列使用和纸制作的照明灯具。利用制作和纸中的抄纸技法，将纸浆沉淀在球形模具上形成球状。这种照明灯具有两种，即吊灯和台灯。吊灯有3种大小（MAYU只有1种），且可以选择有线型和无线型。落地灯也有不同的类型可供选择，不仅尺寸多样，而且还有无柱或有柱以及不同柱高的组合。

"Natural"灯（编者注：单词"Natural"的意思即"现代"，但"现代灯"并不是此灯具的特有名称，为强调这里提到的灯具，灯名保留了英文名称）的形状是基于自然界中的月亮、云朵和蚕茧的形状，其设计特点是利用了和纸独有的柔软材质，以及可以舒缓心灵的造型。为了充分利用球形灯罩，即使是吊灯，也极力避免其他部分过于明显。

漫射型配光的灯具是"Natural"灯的基本类型。为了不影响球形形状，可以单独定制下方开口，这样便可以改成半直接型配光，有利于下方获得充足的光线。比如餐桌上方便可以使用该类型的吊灯。该产品采用了自然素材和独特造型，并内置了可突显其特色的各种部件，可根据空间风格选择适合的款式。

多样化的照明灯具

本节介绍了我实际使用过的一些灯具，但仍难以尽述从产品名录发掘出的魅力及使用心得。由于互联网的发展，我们可以从网上购买照明灯具。但灯具的照明效果不容易从照片上看出来，在可能的情况下，建议到展示厅去亲自看一下实物。

照明展览会是照明灯具的"风向标"。世界上最大规模的展览会，是在德国法兰克福展览中心举办的灯光照明及建筑展览会（"Light + Building"）和在意大利米兰举办的米兰国际照明样品展（Euroluce）。这两个展会都会在展览期间倾尽全力举办全市性的艺术活动，且都是非常有名的活动。日本每隔一年也会举办照明展览会，各个公司都会发布新的产品，并交换信息。

我们可以预想到，今后照明灯具会更加小型化（第196页图5.15）、系统化（第69页图2.47），并与建筑材料一体化（第69页图2.48、图2.49）。在米兰国际照明样品展上，展示了一种具有吸声功能的吊灯，如图5.35所示。可以想见，未来的照明设计和室内设计师、建筑师的沟通将会更加紧密。

灯具的形状种类

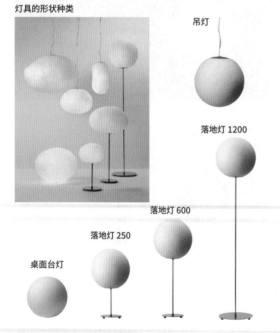

图5.34　Natual灯的种类
（图片提供：谷口·青谷和纸株式会社）

图5.35　有吸引效果的吊灯
（图片提供：株式会社YAMAGIWA）